景观小品设计

JINGGUAN XIAOPIN SHEJI

李响　王桉——————编著

东南大学出版社
SOUTHEAST UNIVERSITY PRESS
·南京·

图书在版编目(CIP)数据

景观小品设计 / 李响，王桉编著. — 南京 : 东南大学出版社，2024.3

ISBN 978-7-5766-1332-2

Ⅰ. ①景… Ⅱ. ①李… ②王… Ⅲ. ①园林小品-园林设计 Ⅳ. ①TU986.48

中国国家版本馆 CIP 数据核字(2024)第 053223 号

责任编辑:贺玮玮　**责任校对**:子雪莲　**封面设计**:毕　真　**责任印制**:周荣虎

景观小品设计

编　　著	李　响　王　桉
出版发行	东南大学出版社
出 版 人	白云飞
社　　址	南京市四牌楼 2 号　邮编:210096
网　　址	http://www.seupress.com
经　　销	全国各地新华书店
印　　刷	广东虎彩云印刷有限公司
开　　本	787 mm×1092 mm　1/16
印　　张	12
字　　数	230 千字
版　　次	2024 年 3 月第 1 版
印　　次	2024 年 3 月第 1 次印刷
书　　号	ISBN 978-7-5766-1332-2
定　　价	59.00 元

* 本社图书若有印装质量问题，请直接与营销部调换。电话(传真):025-83791830。

序　言

景观小品是园林设计中承载文化与艺术审美的载体，其研究的维度始终围绕着人的感官和精神需求。

“小品”一词来源于佛教典籍《辨空经》：“有详者焉，有略者焉。详者为大品，略者为小品。”中国文化传承中，把佛教中短小精悍的部分加以运用，形成文学中的“小品”。景观小品亦来源于此，把设计凝练成精致而短小的散文，不拘泥于定式而又天资烂漫、妙然天成。优秀的景观小品教材旨在阐明在园林中“小品”其“有形”与“无形”、“意”与“境”的相互关系。

作为东南大学成贤学院建筑与艺术学院常务副院长，我从事风景园林专业的教学与实践工作很多年，作为项目负责人主持完成了众多有影响的园林设计。在我看来，《景观小品设计》这本教材的编写不同于目前其他相关教材，此教材能够紧跟时代发展趋势，针对环境设计、风景园林等设计专业的应用型人才教育，科学系统地分类介绍景观小品设计的原理和方法。教材的内容架构不仅实现了设计专业知识与技能的融合，也达成了人文精神与美学价值观培养的融合。教材从景观小品设计知识学习的实际需求出发，细致解析了国内外大量景观小品设计案例，用手绘图的形式直观呈现了景观小品设计原理，全方位展示了景观小品的设计方法与流程。并且，教材编著者还非常用心地录制了大量的讲解视频，短视化呈现教材知识点，运用信息技术满足读者的自主学习要求，促进“教”“学”“用”自然转化、泛在化，使本教材易读、易懂、易用。

我认为景观小品设计的教学应尤其看重学生们的创造力提升，而创造力提升的关键是培养学生对“美”的理解深度和广度。我想，《景观小品设计》的编著者们是明白这一点的，他们秉持着“严谨、务实、求真”的态度，认真筛选并细致解读了很多富有艺术美感的景观小品设计案例，这对于高校学生和年轻设计师学习景观小品设计很有参考价值。

楊維輝

2023 年 12 月 19 日

前　言

作为一门综合型交叉学科，景观设计学包含了艺术和技术诸多领域的知识内容，而景观小品作为景观设计中的重要组成部分，其构成、形态、色彩是形成城市景观与乡村景观的重要构成元素。

从20世纪90年代改革开放后至今，我国处于一个高速发展的状态，城市化进程步伐加快，近些年，党的二十大又强调了“建设宜居宜业和美乡村”，进一步推动了新时代乡村景观的设计与发展，在这样的背景下，景观小品在景观设计中的重要性也愈加凸显。

当代的景观小品拥有多样的类型，并且经常彼此相互结合，体现着一个城市环境的风貌和景观特色，是地域文化和精神文明的物质载体，因此，在当代高等院校环境艺术设计、风景园林设计的本科教学中，系统、全面地教授景观小品设计类型、设计方法、设计原理尤为重要。但是，在以培养应用型本科人才为目标的高校中，景观小品设计相关课程教学常依赖教师自身的设计、施工经验和知识积累，通过课件讲授、学生调研及设计辅导来完成。目前已出版的代表性教材，或是通过大量的景观小品实物图片与文字信息的结合，强化学生对景观小品认知的积累，重点在于启发设计者的创意思维、灵感直觉；或是通过罗列大量景观小品工程图纸，意在强化学生的施工图设计能力，强调实战性与实效性。以上两类教材都有一定的特色，但也都有一定的局限性，皆忽视了景观小品与环境的共生及景观小品的整体性控制，没有很好地将美学、原理、技术相融合，设计方法的讲解也不够深入系统，同时较之当下的新法规、新理念、新技术也有所滞后。

本教材的编撰主要针对环境设计、风景园林专业，为培养应用型本科人才“量身定制”，结合近些年国内外优秀设计实例最新的图文解析，清晰地介绍各类景观小品设计理念、材料、形式，并结合大量图例解读景观小品与环境的关系及整体性控制，系统讲解景观小品设计方法，强调景观小品与环境共生的理念和整体性控制的理念，同时帮助读者深入解析景观小品的各种设计因素。对处于行业理念和技术前沿的标准化模块化设计、集约化设计、艺术化景观小品、智慧城市景观小品等前沿技术与应用，也进行了拓展解析，目的是在实现功能和基础完善的目标以外，凸显时代特点，通过技术革新和设计创新，激发设计者的创新活力。

本教材图文并茂、通俗易懂，注重学生创造性思维能力开发的同时，突出实用、实战与实效性，深入浅出，具有很强的可操作性和指导性。每章学习结束都配有复习思考题，满足学生对知识掌握的实战性和实效性的需求；同时，本教材综合新的政策、法规、标准、规范及当前先进技术，增加景观小品创新应用案例的快题设计解析，并配备了相关的手绘表现视频，通过视频的及时性展示，学生可以更加直观地把握景观小品的设计构思及表现。

本教材在编撰过程中，为了更加直观、清晰地解析、呈现景观小品设计类型、原理与方法，搜罗了大量的精美案例图片，教材中的配图除了部分由编著者自摄和手绘表现外，其他图片主要来自大作网、花瓣网、景观中国、谷德设计网、hhlloo、搜狐网、筑龙学社、100architects、Archdaily、veer 图库、园景人、摄图网、mooool 等优质网站，此外还有少部分图片来源于豆丁建筑、图虫网、欧莱凯设计网、知末网、美篇、图行天下、秀设计、微博、知乎、网易等网站。

国内外景观小品种类较为庞杂，类型多样，由于时间有限，在编撰过程中难免存在疏漏和不足之处，恳请各位读者和同仁批评指正。

目　录

第一章

景观小品概述 / 001

第二章

景观小品设计原理 / 019

第三章

各类景观小品设计分析 / 037

第四章

景观小品设计方法与流程 / 131

配套线上教程

第一章

景观小品概述

本章引言

景观小品作为一门公共空间的景观艺术，涉及建筑、道路、广场等环境因素。成熟的景观小品设计融入周围自然环境与人文环境之中，能够彰显地域特色与地域文化。它既是一个国家文化的标志和象征，也是一个民族文化积累的产物。本章通过以下四个方面来认识多元化的景观小品设计。

一、景观小品概念

“小品”一词最初来源于佛经的略本，起始于晋代，“释氏《辨空经》有详者焉，有略者焉。详者为大品，略者为小品”，明确指出了小品是由各元素简练构成的事物，具有短小精悍的特征。后被引用到了文学上，指简短的杂文或其他短小的表现形式。

景观小品一般泛指景观环境中具有一定美感的、为环境所需而设置的人为构筑物。国外类似的词汇有：sight furniture（园地装置）、urban furniture（城市装置）、street furniture（街道小品）、urban element（城市元素）等，在日语中常称为“道的装置”或“街具”。《中国大百科全书·农业卷》中，园林建筑小品指园林中供游人休息、欣赏以及点缀环境的小型建筑物和装饰设施。《风景园林基本术语标准》（CJJ/T 91—2017）中将“园林小品”定义为园林中供人使用和装饰的小型建筑物和构筑物，园林小品根据其功能分为：供休息的小品、装饰性小品、结合照明的小品、展示性小品和服务性小品，如园灯、园椅、园桌、园凳、饮水器、垃圾箱、指路牌和导游牌等。有些体量较小的园林建筑、雕塑、置石等也被泛称为园林小品。

著名建筑大师密斯·凡·德·罗（Ludwig Mies van der Rohe）曾说过：“建筑的生命在于细部。”同样，景观小品作为城市景观的“细部”，是城市文化底蕴和精神文明的物质载体，是展现城市性格和独特魅力的重要途径。因此，景观小品必须要精细设计、布置和安装，空间环境中景观小品的形态、材料及功能等要素的设计和选用要有理有据，必须符合其在整体设计中的角色和目的。

城市景观小品的设计，不仅要考虑各景观小品之间的关系，还要考虑其与环境的共生。景观小品是根植于城市环境之中的，环境的好坏决定着景观小品的价值的高低，景观小品的品质也会直接影响环境空间的品质，优秀的景观小品设计可以强化一个城市的面貌特征与特色，并在潜移默化中宣扬城市文化。可以说，一个成功的景观小品代表着一个城市文明建设的缩影，体现了一个城市的风貌和景观特色，增强了城市本身内在的吸引力和创造力。景观小品与环境实体融合在一起，为社会发展提供了一个历史舞台（图 1.1）。

图 1.1　南京银杏里特色文化街区景观小品

图片来源：作者自绘

二、景观小品的特征

城市环境是人们赖以生存的空间，人们不断地致力于保护环境、改造环境、美化环境。景观小品作为城市环境的独特组成部分，在美化环境的过程中逐步发展成熟。景观小品主要有以下几个特征：

（一）整体性

任何一件景观小品总是处于特定的户外环境中的，人们所看到的景观小品，不单是景观小品本身，而是这件景观小品与周围环境所共同形成的整体的艺术效果，景观小品设计的首要特征就是与其所处的环境形成的“整体性”。在景观小品设计时就要把主观构思的"意"和客观存在的"境"相结合，要联系其所处的环境和它的空间形式，保证景观小品与周围环境、建筑之间做到和谐、统一，避免环境中各要素因不同形式、风格、色彩而产生冲突和对立。

当代景观设计大师彼得·沃克（Peter Walker）曾说过："我们寻求景观中的整体艺术，而不是在基地上增添艺术。"空间才是环境的主角，景观小品作为构成环境空间的元素之一，它需要为环境和谐的整体利益而限制自身不适宜的夸张表现，使各自的先后、主从关系分明，共同构筑整体和谐统一的环境景观。见图 1.2、图 1.3

图 1.2　景观小品系统化设计后的整体环境效果 1：有历史特色（南京浦口码头景观）

图片来源：作者绘制、拍摄

图 1.3　景观小品系统化设计后的整体环境效果 2：协调（南京浦口码头景观）

图片来源：作者绘制、拍摄

所展示的南京浦口码头景观，其中的景观小品经过系统化设计后，在主题内容、材质选用和形式表现方面都与原有的环境场地形成了良好的统一，对原有的场地文脉与场所精神也进行了再现。

（二）科学性

景观小品的创作与建构，除了“整体性”外还具有一定的“科学性”。景观小品与展览的陈列品不同，除了临时性的景观装置小品，一般不可以随意搬迁移动，具有相对的固定性，所以景观小品设计不应仅凭经验和主观判断，而要依据特定的位置条件，对周围环境的视线角度、光线、视距等综合因素加以调查分析：什么样的环境中应该有什么样的景观小品，什么样的景观小品应建在什么样的环境中。这些是设计师应思考的问题。

如在城市广场中的景观小品会由于广场性质的不同而采取完全不同的形式、内容：纪念性广场中的景观小品要体现庄重、严肃的环境氛围；休憩性广场上的景观小品要更多地体现轻松、恬静、温馨、活泼浪漫的环境氛围。在当代的一些商业广场中，景观小品要考虑对于商业氛围的烘托，对于一些大型的景观装置类小品还要考虑其与观者的互动性。

总之，景观小品的设计要考虑其所处环境的实际特点，结合交通、环境、所住地区的性质等各种因素来确定景观小品的形式、内容、尺寸、空间规模、位置、色彩、材质等方面的选择及建立的方式。只有经过全面科学的考虑，才会有成熟完善的设计方案。如图 1.4 南京小西湖街区的景观小品，流线型的设计为整体的街区空间增添了现代、休闲的氛围。

（三）艺术性

作为环境中的景观小品，富有“艺术性”的审美功能也是其重要属性。景观小品的制作，必须注意形式美的规律，它在造型风格、色彩基调、材质质感、比例尺度等方面都应该符合整体统一和富有个性的原则。尤其在城市一些重点区域和节点，应结合空间和景观特点重点打造具有艺术特色的景观小品，如在街道、公园、广场、滨水空间、商业区域、文化历史街区等人们最常利用的户外休闲空间中，使景观小品成为环境景观的亮点，营造具有活力和魅力的城市空间。

景观小品通过本身的造型、质地、色彩、肌理向人们展示其形象艺术特征、表达某种情感，同时也反映特定的社会、地域与民俗的审美情趣，如图 1.5 中的“福禄寿”喷泉雕塑，利用我国传统文化中人们约定俗成的认知，表达了美好吉祥的寓意。

图 1.4　景观小品的科学性——南京小西湖街区

图片来源：作者绘制、拍摄

图 1.5　景观小品的艺术性——上海新天地景观小品

图片来源：作者绘制、拍摄

(四) 文化性

景观小品的"文化性"体现在地方性和时代性当中，是现代景观小品的重要属性。任何一个景观场地形成的背后都凝结了自然环境、建筑风格、社会风尚、生活方式、文化心理、审美情趣、民俗传统、宗教信仰等多重要素与内涵，这些要素融合在一起就可以被视为景观场地所特有的"文化性"，景观小品则是体现这些"文化性”的重要设计媒介。因此，景观小品也成为景观场地“文化性”的综合体，它的创造过程就是对景观场地所蕴含的“文化”不断提纯、演绎的过程。

正如建筑物因周围的文化背景和地域特征而呈现出不同的建筑风格，景观小品亦是如此。景观小品的文化特征往往通过具体的形式而展现，为了能够与其所属的景观场地的文化背景相呼应，从而呈现出不同的形式与风格。通过景观小品这一媒介，景观环境空间被注入主题，才能成为一个真正的有机空间和充满活性的场所，最终才能构成丰富的体验场所，激发观者的深刻感受。

不同的“文化性”也承载着一定的时代特征。景观小品也是一个具有时代特征的重要载体，当代景观小品的设计，运用最新的设计思想和理论，利用新技术、新工艺、新材质、新的艺术手法，反映特定的时代特征，这也使景观小品在既定的景观场所中具有时代精神和风格。如图 1.6 所示南京总统府 1912 文化步行街中，欧式拱门小品彰显了民国时期特有的中西合璧的建筑文化，与 1912 文化步行街中 19 幢民国建筑风格相得益彰；而星座主题背景墙的设计又顺应了 1912 文化步行街的时尚、休闲的商业街氛围。

图 1.6　南京总统府 1912 文化步行街

图片来源：作者绘制、拍摄

(五) 休闲性

现代社会快节奏的生活，有时会使人们感到精神压力大、人际关系淡漠、情感趋于封闭，于是在城市建设中，人们也开始寻求精神“疗愈”。因此，休闲性的景观小品日益被城市空间环境所重视。

休闲性的景观小品充分体现了“以人为本”的设计理念，它实际上是人们对空间环境的一种基本要求。景观小品设计的最终目的是创造服务于人、满足于人、取悦于人的空间环境。它体现出了环境对人的关怀，同时也是人们交流的需要。具有宜人的尺度、优美的造型、协调的色彩、恰当的比例、舒适的材质的休闲性景观小品，在供人们交流沟通、休闲活动的场所中发挥着重要的作用。见图 1.7 文化街区内的绿化休闲区中，设置了多个独立围合的景观“小屋”，使观者在公共开放的空间中能够寻求到一定的私密感，满足观者放松、休闲、娱乐的诉求；见图 1.8，在现代商业广场空间中，休闲区中色彩艳丽、形式动感的景观小品很好地柔化了商业建筑的生硬感，活跃了空间的娱乐、休闲氛围。

图 1.7　南京银杏里特色文化街区

图片来源：作者绘制、拍摄

图 1.8　南京弘阳广场

图片来源：作者绘制、拍摄

（六）智慧性

当下，智慧型景观小品是构建智慧城市的重要载体。随着“互联网＋”“云计算”“大数据”等新一代信息技术的迅速发展，以及物联网时代的到来，智慧型景观小品的应用和发展成为必然趋势，搭载了各类信息技术模块的智慧路灯、智慧公交站台、智能路牌等，集成了照明调控、环境监测、交安监控、信息发布、充电、数据采集、远程调度等服务和应用，大大提升了现代化城市管理的水平和效率，为市民的出行创建了更加安全、便利、优质的服务。如智慧路灯可与太阳能蓄电、智能照明、无线网络、手机充电、信息发布、充电桩、智能传感等可选配产品相结合。1 盏智慧路灯可以控制 200 盏智能路灯，实现以点带线的智慧控制效果；又如智能公交车站、站牌可实时显示各班公交车到本站的距离、预计到站的时间，可呼叫出租车，亦可整合 Wi-Fi 信号、电功能等。

智慧路灯管理系统、智能交通管理系统、智能监控系统等提升了城市管理效率与水平。同时城市在多管理系统的基础上将逐步实现互联互通、共享公用，构建景观小品管理的大数据平台与智慧中枢，逐步将城市小品构建为城市“智慧大脑”的“神经元”。

各种智慧景观小品既是服务端口，也是信息采集与交互的端口。使用数据采集与大数据分析的方法，可以为提升管理与服务提供数据支持。同时智能景观小品采集的数据，可以形成智慧城市的综合信息平台，通过电子屏幕及各种 APP 应用端，将信息反馈给市民。见图 1.9，智慧路灯集合了智能照明、传感器、信息发布、视频监控、无线网络、充电桩等多重功能；图 1.10 智慧公交站兼具了监控、智能报站、扩音器等功能。这些新技术与景观小品的结合，充分满足了人们对当代生活的高效、便捷需求。

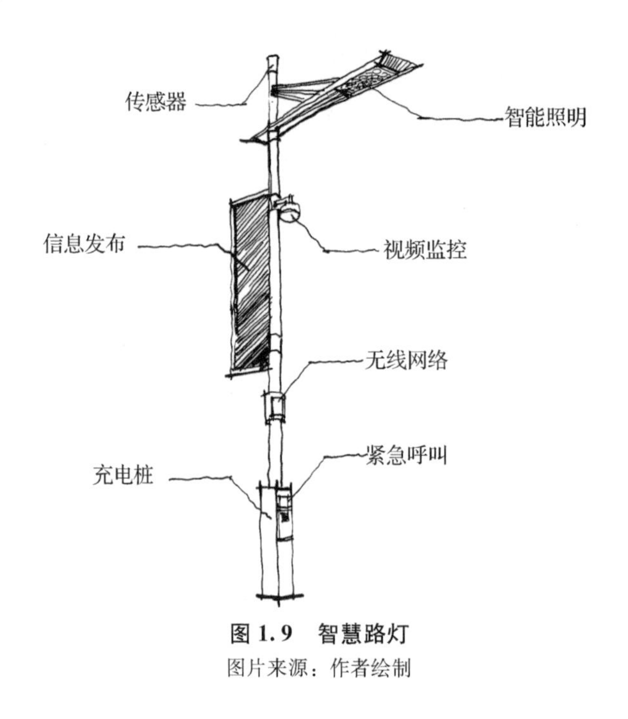

图 1.9　智慧路灯

图片来源：作者绘制

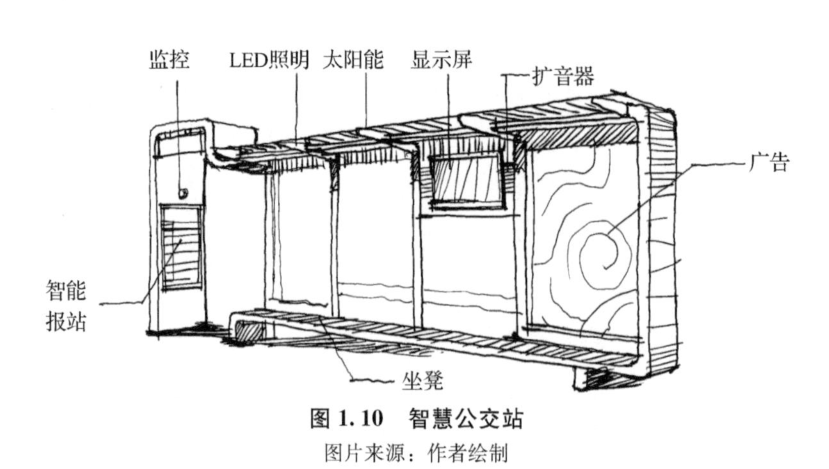

图 1.10　智慧公交站

图片来源：作者绘制

三、景观小品分类

（一）不同功能属性的景观小品

1. 纯装饰功能的景观小品

纯装饰功能的景观小品指本身没有实用性而纯粹作为观赏和美化环境的景观小品，如雕塑、水景等。这些景观小品一般没有使用功能，却有着很强的精神功能，可丰富建筑空间、渲染环境气氛、增添空间情趣、陶冶人们情操，在环境中表现出强烈的观赏性和装饰性（图 1.11）。

图 1.11　纯装饰功能景观小品

图片来源：大作网

纯景观功能的景观小品的设计和设置必须注意设计的主题是否和整个环境的内容相一致，造型方法是否符合形式美的原则，小品的文化内涵是否为环境创造出恰当的文化氛围，小品的风格是否与环境的整体风格相一致。不适当的景观小品非但无补于美化环境效果，反而会破坏整个环境的精神品位。

2. 兼具使用功能和装饰功能的景观小品

兼具使用功能和装饰功能的景观小品主要指具有一定实用性和使用价值的景观小品，且在使用的过程中还能够体现出一定的观赏性和装饰作用，如座椅、垃圾箱、景灯、电话亭、广告栏等，以及各类儿童游乐设施、体育运动设施和健身设施等。它们既是景观设计的重要组成部分，具有一定的实用性，又能起到美化环境、丰富空间的作用，如图 1.12 所示。

图 1.12　兼具使用功能和装饰功能的景观小品

图片来源：大作网

3. 特定场所的景观装置小品

特定场所的景观装置小品主要是指在人群较为聚集或人流量较大的场地中，针对不同的节庆所做的户外的临时性景观，可互动、打卡，能够在装饰节庆氛围的同时为场地提供较有实用价值的空间。如 2022 年的科切拉音乐节的景观装置“游乐场”，用四座钢架结构搭配各种形式、色彩的模块和分色膜创造了一个色彩缤纷的公共空间，给参与者营造了独特的体验感受，见图 1.13。

图 1.13　2022 年科切拉音乐节景观装置

图片来源：hhlloo

(二) 不同艺术形式的景观小品

1. 具象景观小品

具象景观小品是景观小品普遍采用的一种艺术形式，具有形象语言清晰、表达意思确切、容易与观赏者沟通等特点。具象景观小品有纯观赏性的，如写实的人物、动物、实物等雕塑；也有兼使用功能和景观功能的，如电话亭、座椅、书报栏等。为了方便使用、增强识别性，首先应把使用功能的需求放在首位。具象景观小品的造型设计基本上是写实和再现客观对象，对具象的景观小品也可在满足使用要求、保证真实形象的基础上，进行恰当的夸张变形，以使小品的形象更具有典型性（图1.14）。

图1.14　具象景观小品

图片来源：大作网

2. 抽象景观小品

抽象景观小品一般指采用简凝、解构、重构、夸张等艺术化的表现形式来作为景观小品的造型表现。抽象景观小品具有强烈的视觉震撼力，很容易成为视觉中心、几何中心和场力中心。

抽象景观小品也有基本形象，只是造型设计更为大胆、独特，多运用点、线、面等抽象符号加以组合，彻底改变了自然中的真实形象。抽象景观小品从基本构成方式到其表现形式，都具有强烈的现代意识。抽象景观小品由于几何形体、色彩形象都比较突出，一般都设置在视觉中心或人们经常停留注目的地方，起到活跃环境气氛、增强环境情趣和丰富空间的作用，如图1.15所示。

图1.15　抽象景观小品

图片来源：大作网

（三）不同材质的景观小品

材质是直接影响景观小品耐久性、舒适度、美观性等方面的关键因素，为避免因材质选用不当而造成损失浪费，景观小品多采用生态环保、经久耐用、可再回收、价格适中的材质。常见采用各种材质的景观小品有：

（1）金属材质类景观小品，采用钢材（热轧钢、不锈钢）、型材（铝型材、合金型材）、铸铁等。钢构件除锈等级多为 Sa2.5 级。钢管、金属件进行热镀锌处理，再进行外饰面喷塑，见图 1.16。

（a）镜面不锈钢

（b）铸铁

（c）不锈钢

图 1.16　金属材质类景观小品

图片来源：大作网

（2）木材类景观小品。各类防腐木（杉木、松木）等等，符合《防腐木材工程应用技术规范》（GB 50828—2012）的要求，如图 1.17。

图 1.17　木材类景观小品

图片来源：大作网

（3）石材类景观小品。常见为花岗岩，符合《天然花岗石建筑板材》（GB/T 18601—2009）的要求，如图 1.18。

（a）置石与绿植组合

（b）雕刻石材

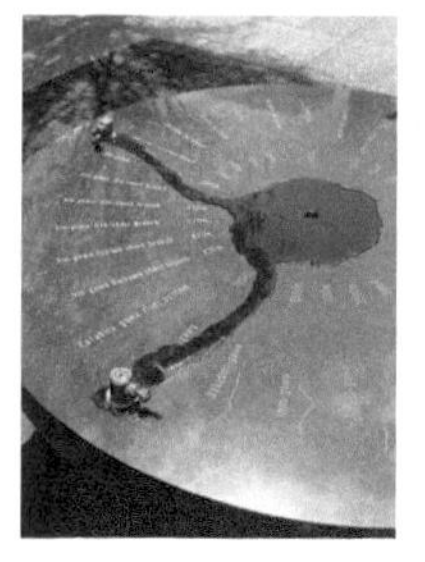

（c）水石结合

图 1.18　石材类景观小品

图片来源：大作网

（4）玻璃材质类景观小品。常见为钢化玻璃，符合《建筑用安全玻璃》（GB 15763）的要求，如图 1.19。

（a）玻璃科普小品

（b）玻璃水景 1

（c）玻璃水景 2

图 1.19　玻璃材质类景观小品

图片来源：大作网

（5）人工有机复合材质类景观小品。是人们运用先进的材质制造技术将不同性质的材质分组优化再组合从而形成的新材质，如玻璃钢、复合树脂、胶结石、PVC（聚氯乙烯）、亚克力等（图 1.20）。

当然，有些景观小品只采用单一材质，有些则为多种材质组合使用。此外，不同景观小品采用的面层涂装材质也有所不同，常见的有以下几种。

（1）油漆、金属漆喷塑：在满足基本涂装要求的前提下，注重表面质感，如氟碳漆、金属漆等，如图 1.21。

（2）木纹漆：又称木纹油，属美术漆，与有色底漆搭配，可逼真地模仿出各种效果，能与原木小品相媲美，如图 1.22。

(a) 玻璃钢

(b) 亚克力

图 1.20　人工有机复合材质类景观小品

图片来源：大作网

图 1.21　油漆、金属漆喷塑工艺——南京江北新区龙湖天街

图片来源：左图—作者拍摄，右图—大作网

(3) 热转印：热转印是一项新兴的印刷工艺，转印加工通过热转印机一次加工(加热加压) 将转印膜上精美的图案转印在产品表面，成型后油墨层与产品表面融为一体，逼真漂亮，大大提高了产品的档次，如图 1.23。

(4) 丝网印刷：指用丝网作为版基，并通过感光制版方法，制成带有图文的丝网印版，如图 1.24。丝网印刷作为一种应用范围很广的印刷，它不受承印物大小和形状的限制，可分为塑料印刷、金属印刷、玻璃印刷、金属广告板丝印、不锈钢制品丝印。

图 1.22　木纹漆面层
图片来源：大作网

图 1.23　热转印工艺
图片来源：大作网

图 1.24　丝网印刷工艺
图片来源：大作网

四、景观小品在景观空间中的意义

景观小品作为城市环境的独特组成部分，已成为城市环境不可缺少的整体化要素，它与建筑一起共同构筑了城市的形象，反映了城市的文化精神面貌，表现了城市的品质和性格。景观小品与城市的社会环境、经济环境、文化环境有着密切的联系。随着社会的发展，景观小品的设计也从单体性转向更加注重与建筑、环境、自然融为一体的整体性设计。这不仅增强了景观小品设计的实际意义，而且对城市规划、环境建设发挥着越来越重要的作用。

1. 提升环境

景观小品不仅仅是环境中的元素、环境建设的参与者，更是环境的创造者，在环境空间中起着非常重要的作用。景观小品的存在，为环境空间赋予了积极的内容和意义，使潜在的环境变成了有效的环境。因此，在加快城市建设、提高生活质量的同时，不断创造优质的景观小品，对丰富和提高环境空间的品质具有重要的意义。

2. 服务大众

随着社会的发展，以及人们对环境要求的不断提高，相继出现了不同类型、不同形态的景观小品。它们不仅为社会提供了特殊的功能，而且也反映了对人的关怀。在人类文明、文化的发展过程中，其发展历程也可以说是一个发现人、重视人、服务人、启发人的人性化过程。尽管景观小品的发展历史较短，但它也迅速走到了“关注人的设计”这一步。在现代城市环境建设中，建筑、景观小品、人三者之间形成了有机平衡关系，景观小品、建筑共同为人的需要服务。

3. 彰显文化

现代景观小品以整体性、科学性、艺术性、文化性、休闲性的形象展现在现代城市环境之中，与人们的生活、文化息息相关。景观小品是社会经济、文化以及人的观念、思想的综合表象，是社会文化的外在载体，也是文化的映射。景观小品的设计、制作和使用反映出一座城市的文化基础、管理水平以及市民的文化修养和创新精神。它不是简单意义上的景观小品，而是包含在文化形态中的环境空间景观，不能简单凭视觉去把握，而需用心去感受其内涵。所以，景观小品的改善在注重“量”增长的同时，更应注重“质”的提高，景观小品的形态不能停留在表面层次上，而应和时代发展相适应，在高技术、深情感的指导下，进行高品质、高层次的设计。

本章思考题

1. 景观小品的功能主要有哪些？城市小品设计应当考虑哪些方面？
2. 纯景观小品的设计和设置需要注意哪些问题？
3. 景观小品常见的材质有哪些？请针对景观小品的材质作调研，并分别阐述5种常见景观小品材质的特性。

第二章

景观小品设计原理

本章引言

景观小品作为景观设计场地的重要组成部分，与环境、人的行为和心理需求密切相联，表现出复杂而又多元的特质。在景观场地设计中，景观小品一方面要满足实际使用功能的需求，并对场地起到一定的围合与限定的作用；另一方面通过各种形式与植物、水体等元素结合，并通过形态、材质等来表达一定的主题、文化且满足人们的视觉审美需求。

景观小品的设计形式、内容与布局取决于多方面因素。如：景观场地内不同空间的性质、功能、尺度；观者的环境行为特征与心理的需求等。只有将景观小品安排在最符合其功能与特性的合适的场所，才能创造良好的景观环境，并具有场所的意义。因此，什么场地放置什么样的景观小品，小品与小品之间、小品与整体景观环境之间的视觉、尺度关系等都值得进行深入的研究和推敲。

一、景观场地模数与尺度

(一) 外部模数

日本建筑师芦原义信曾明确提出“外部模数理论”，即外部空间的设计可采用行程为 20～25 m 的模数，每 20～25 m 可以作为重复节奏、材质或是地面高差变化的模数参考，有助于打破大空间的单调感，丰富场地空间的体验与层次，使得空间更为生动。而 20～25 m 这一模数尺度，正是可以识别人脸的距离。鉴于整体景观空间结构，过小或过大的场地空间都不适宜，过长的且缺乏变化的景观场地会增加视觉疲劳，削减视觉的观赏性；而过小过多变化的景观场地则会使空间过于分散，缺乏主次。因此根据 20～25 m 的模数理论，在每 20～25 m 布置一个小节点即可为游人带来景观场地的空间节奏丰富变化的体验，其景观小品的布局也需配合这一模数深化设计，见图 2.1，景观场地中景观节点的位置的确定就依据了“外部模数理论”。

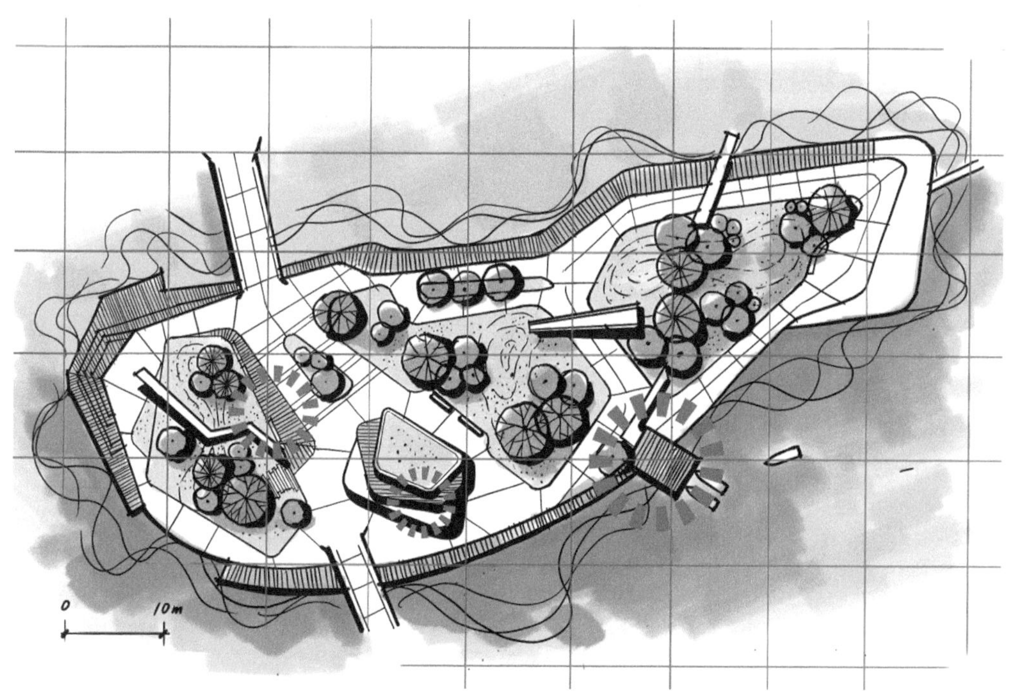

图 2.1　外部模数的平面分段示意图

图片来源：作者绘制

(二) 空间尺度

当人进行步行活动时，一般能够保持心情愉快的步行距离为 300 m，超过这个尺度，根据天气情况而希望乘坐交通工具的距离为 500 m，再超过时，一般就超过建筑的尺度了。总体而言，作为人的领域而适宜的场地规模约为 500 m。

日本建筑师芦原义信在《外部空间设计》一书中曾提出过“十分之一”理论，即外部空间的场地设计可采用内部空间尺寸的 8～10 倍的尺度作为参考。在确定场地空间具体的尺寸时，要切合场地空间的功能和性质，即从综合性/单一性、休闲式/纪念式等方面进行考虑和细化。

(三) 人际距离

人是空间活动的主体，外部景观空间可看作是容纳人们各种活动的容器。其中，人与人之间的交往距离则决定了在相互交往时采用的主要交往方式。

人类学家爱德华·霍尔（Edward Twitchell Hall Jr）在以美国西北部中产阶级为对象进行研究的基础上，将人际距离概括为密切距离、个人距离、社会距离和公共距离四种。其中密切距离的范围为 0～0.45 m，小于个人空间，该尺度适用于亲密接触的活动；个人距离的范围为 0.45～1.2 m，该尺度常用于熟人之间的正常交往；社会距离为 1.2～3.6 m，该距离常用于非个人的事务性接触与交流，可容纳陌生人；公共距离为 3.6～7.6 m 或更远的距离，该距离一般为公共场所人们活动的常用距离，是可忽略彼此的群体活动距离。

不同的人际距离对于景观场地的整体规划和区域的划分起到一定的指导作用，景观小品的单体尺度乃至多个景观小品之间的距离也要根据使用者之间的行为交往方式来确定，才能满足使用者的需求，如图 2.2 所示，依据不同的人际交往的需求，景观小品的尺度也通过小、中、大的不同来满足使用需求，适宜的尺度是创造良好景观环境体验的基础。

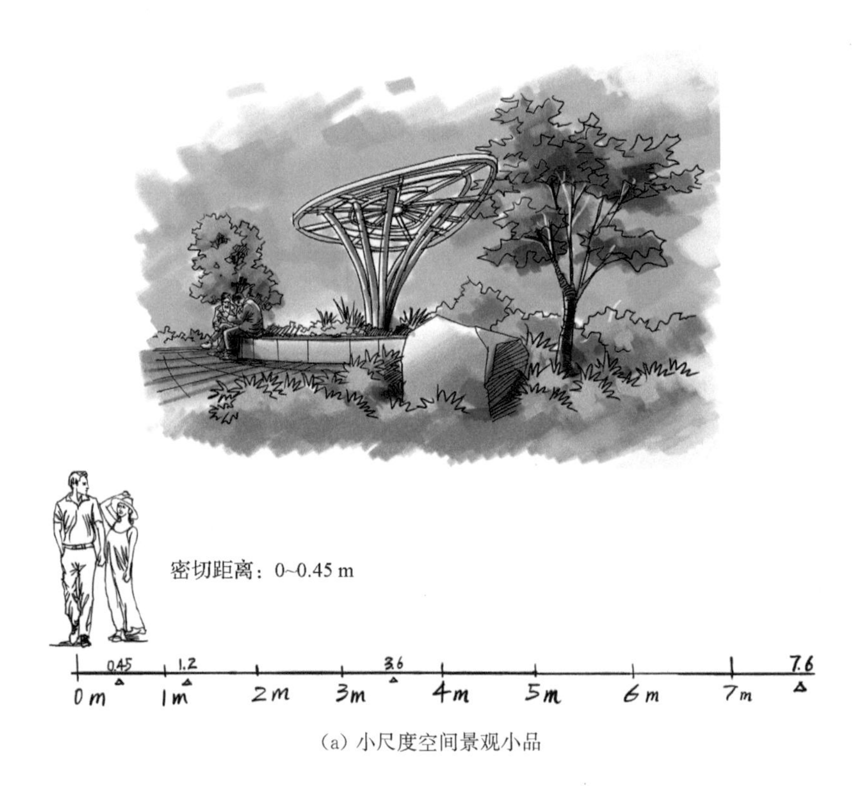

(a) 小尺度空间景观小品

个人距离：0.45~1.2 m

0.45　1.2　3.6　7.6
0 m　1 m　2 m　3 m　4 m　5 m　6 m　7 m

（b）中尺度空间景观小品

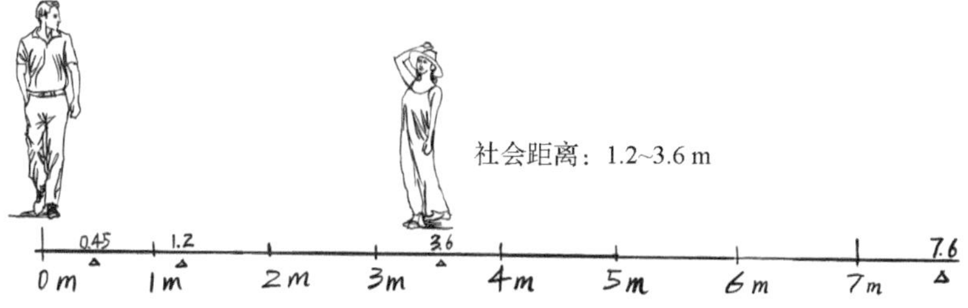

社会距离：1.2~3.6 m

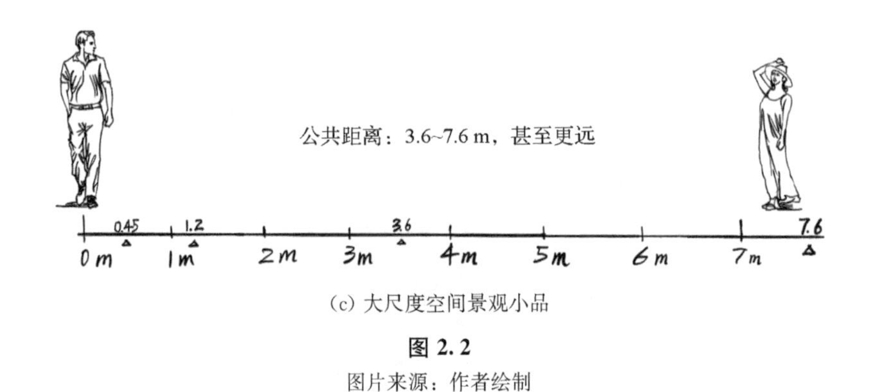

（c）大尺度空间景观小品

图 2.2

图片来源：作者绘制

二、景观场地的视觉分析

（一）视觉构成因素

视点：也称为观赏点，即观者所占据的位置点。

视线：观者的眼球的视点与被观赏物之间的一条假想的直线。

视廊：视点到被观赏物之间的视线的通道，强调视线的远距离交流。

视域：在某一个固定的视点的各个方向上视线所能达到的范围。

1. 视域

在景观设计中，用视域表示某一景观小品能够被看到的范围称为景观视域。景观视域的面积和视域内试点的分布是确定景观小品位置和高程的重要依据。

如图 2.3 视域分析图所示，当头部较为固定时，单眼的水平视域范围为 166°，在两眼中间有 124°的中心区域，双眼的视景在该范围内重叠，从而才能形成有深度感的视觉景观。除了中心区域，两侧单眼的视域范围是 42°，称为周边视觉区域。整体双眼的视觉范围是 208°，人眼的垂直视域范围为 120°，以视平线为准，向上 50°，向下 70°。一般视线位于向下 10°的位置，在视平线至向下 30°范围内为比较舒适的视域。

2. 视角

视角：眼睛观察物象时视锥的夹角，可分为垂直视角和水平视角。

在正常情况下，为了能够获得良好的观景效果，水平视角为 45°～60°，垂直视角为 26°～30°较为适宜，超过此范围，头部则需要上下左右移动，对于整体景物的整体构图或整体印象就不够完整，而且容易使人感觉到疲劳，见图 2.4。

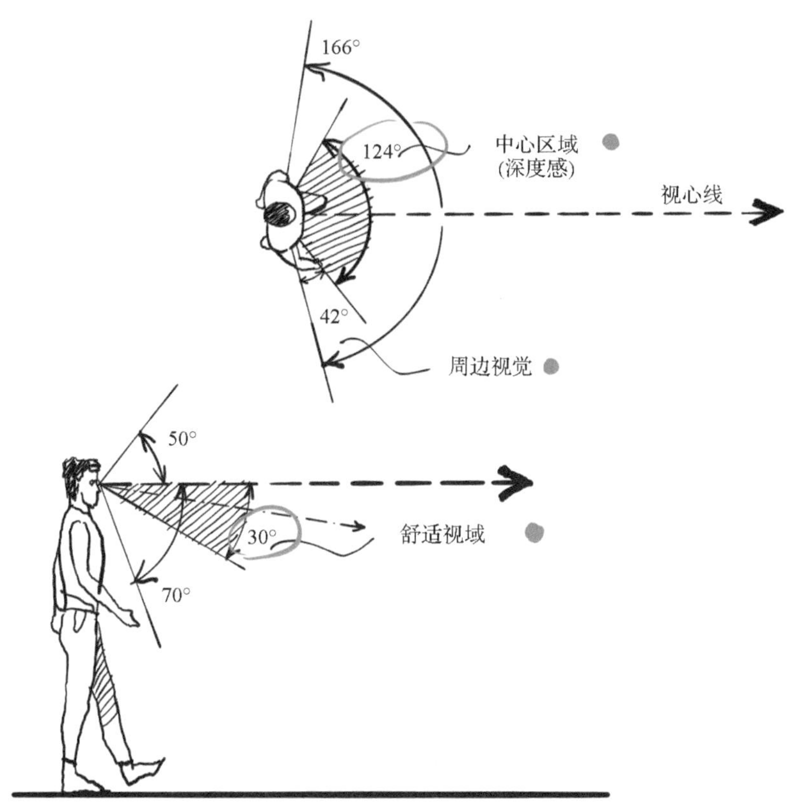

图 2.3　水平、垂直视域分析图

图片来源：作者绘制

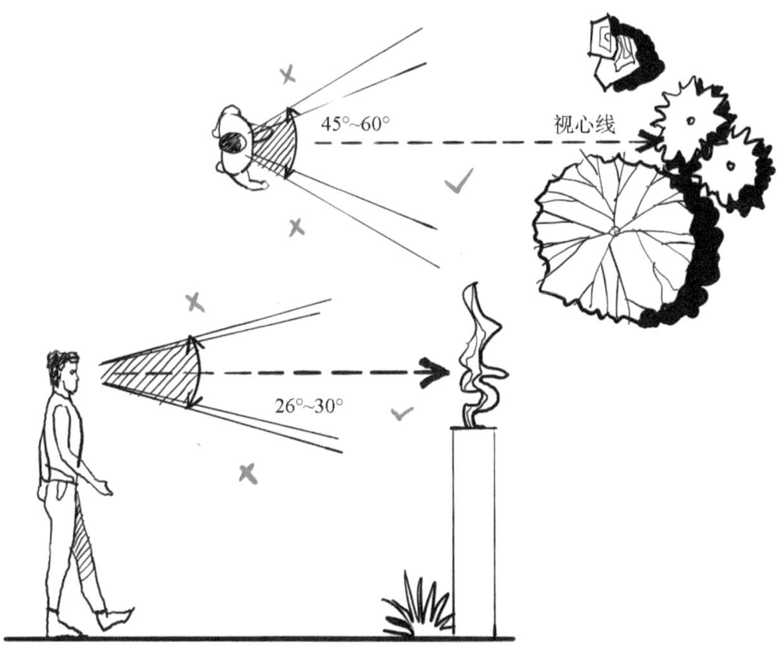

图 2.4　最佳视角分析图

图片来源：作者绘制

芦原义信也曾在《外部空间设计》一书中明确地提出，用 H 代表界面的高度，用 D 代表人与界面的距离，则 $D/H=1$，即垂直视角为 45°，可以看清实体细部，有一种内聚、安定感。而 $D/H=2$，即垂直视角为 27°，可以看清实体与背景的关系，空间离散，围合感差。景观空间的环境小品的布置，如路灯、花台、电话亭、广告标志、休息设施、植物花草配置等，一方面要以人的尺度为设计依据，另一方面也要考虑视觉所要预期达到的观看效果。

3. 视距

视距：视点与被观察物体之间的距离。

视距直接影响观者观景的效果。正常人的明视水平距离约为 25 cm，能够看清景物的细部。如果只需看清景物的轮廓，如景观雕塑或景观建筑的造型及识别花木的类别，则距离约为 250～270 m，当大于 500 m 时，观者对景物只有模糊的印象，1 200 m 以外就看不见人的存在了，4 000 m 外的景物就基本看不清了。根据人眼的最佳视域范围测算出来最适合的视距，即垂直视角为 30°，水平视角为 45°，为了确保观景的效果，当垂直视域为 30°时，大型景观小品的合适的视觉距离为其高度的 3.3 倍，小型景观小品约为 3 倍。当水平视域为 45°时，合适的视距则为其宽度的 1.2 倍。如果景物的高度大于宽度时，则按照宽度、高度的数值进行综合的考虑，见图 2.5。

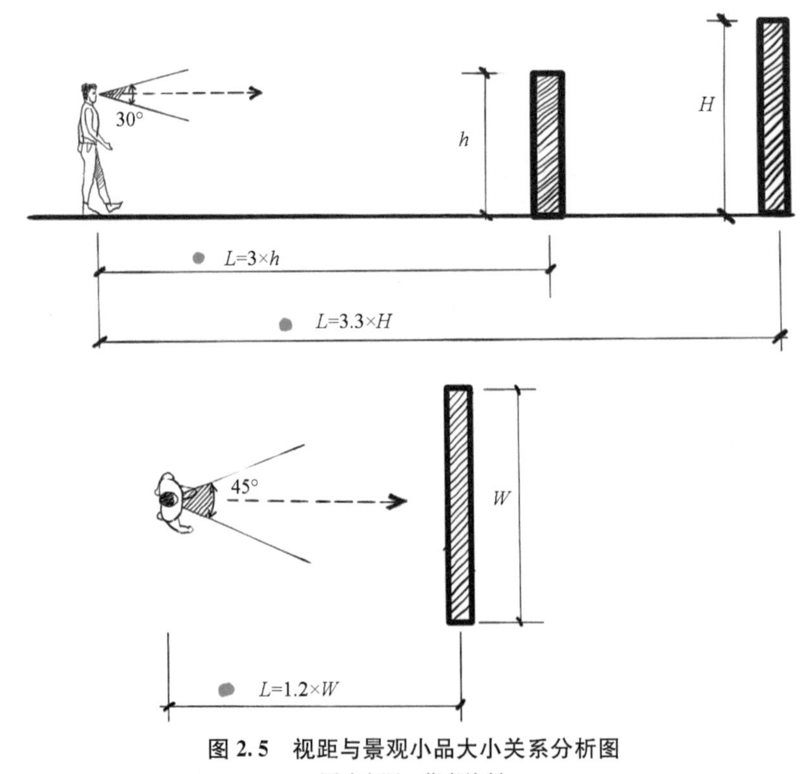

图 2.5　视距与景观小品大小关系分析图

图片来源：作者绘制

4. 视频

视频：在一定的景观区域内，沿观景路线某一景物被观赏到的频率，视频越高，则视觉敏感度越高。

通过视频的指标可以比较沿景观路线各景观小品的重要程度。通过强化某一景观小品的形象或减缓观景的速度或增长观景的路线长度可以提高景观小品的观景视频。

(二) 动态视觉与静态视觉

景观小品的视觉观赏有动态与静态之分，动为游，静为息，两类的视觉体验对于设计有不同的要求。动态视觉下，由于观者多选择步行、乘车、船等观赏模式，景观小品设计强调整体的形态与轮廓，适宜作为场地环境的配景与屏障，沿途重点景观小品应该有适当视距，并注意景观小品的布局不散乱、不单调，保持一定的连续性，形成丰富的节奏感与整体感。静态视觉下则要求景观小品材质细腻、造型生动精致，其往往成为赏景的据点和焦点，如观赏者在亭廊中休憩观赏周围景色的同时，亭廊本身也构成景观节点的重要元素。

一般情况下，当观赏者以时速 1 公里运动前行时，对于景物的观察有足够的时间，且与景物的距离较近，焦点一般集中在细部的观察上，比较适宜观赏近景。而当时速达 5 公里时，观赏者可以保证对中景有适宜的观赏速度。而到了时速 30 公里时，观赏者已无暇顾及细节的赏析，而是比较注重对于整体的把握，对于远景有较强的捕捉能力。因此，在设计布局景观小品时应从整体场地环境的动与静两方面进行考虑，结合不同的道路层级并结合多样的游览方式才能够给观赏者以完整的艺术形象和境界。

(三) 景观轴线

景观轴线是在场地中起空间结构驾驭作用的线形空间要素，是人们认知、体验景观环境和空间形态关系的一种基本途径。景观场地内部的规划与元素布局设计都要受轴线的制约，与轴线相协调。景观轴线分主轴线和次轴线，主轴线是指一个场地中把各个重要景点串联起来的一条抽象的直线；次轴线为辅助线，一般是以主轴线向两边渗透，把各个独立的景点以某种关系串联起来，让场地内的不同区域在组织上更为整体，见图 2.6。

场地内景观轴线关系对于景观小品的总体布局有着指导性的意义。通过对景观场地轴线的分析可以更为深入地理解景观空间结构，从而发掘景观设计中有意义的轴线、空间对位的关系及其关联性，从而找到场地空间中隐含的秩序，并通过多样的景观小品进行强化和表达，见图 2.7。

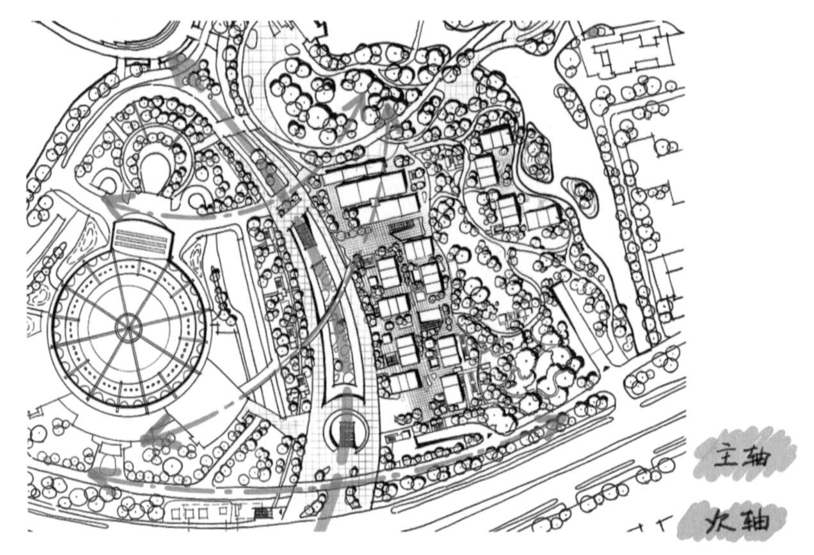

图 2.6　景观轴线示意图——南京金陵 style 平面布局

图片来源：作者绘制

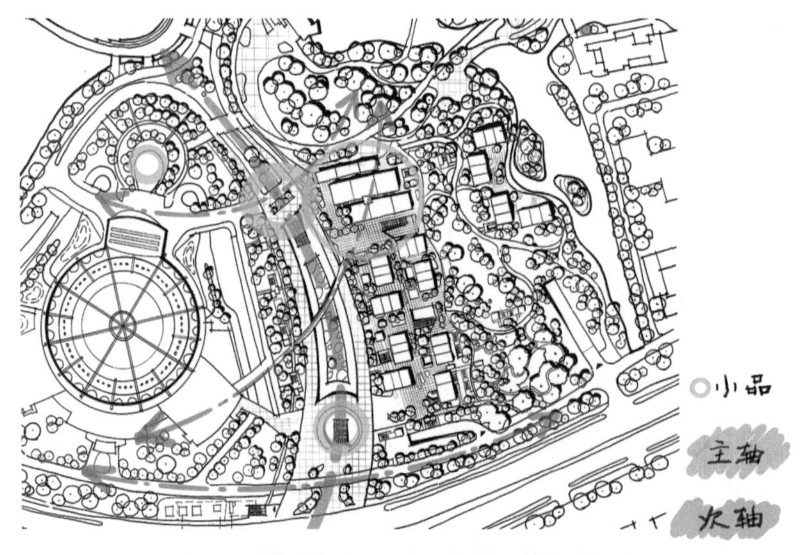

图 2.7　景观小品平面布局与景观轴线分析图

图片来源：作者绘制

(四) 景观序列

景观序列是景观空间依次排列的组合方式。景观序列的空间总体可概括为：起始空间—过渡空间—高潮空间—结束空间，见图 2.8。起始空间具有引导与启示的作用；过渡空间作为前后空间的转承衔接，具有酝酿、蓄力的作用；高潮空间往往是整体场地的精华所在，强调主题和最佳的观赏效果；结束空间则是将整体场地的感受推于总结、归于平静。

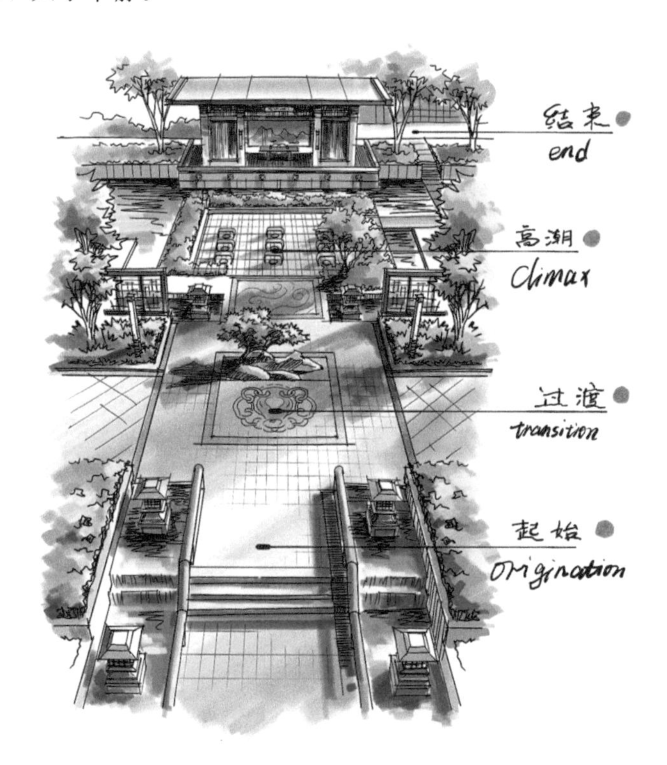

图 2.8　不同景观序列小品示意图

图片来源：作者绘制

不同序列景观空间的叠加与组合最终能够形成良好的空间节奏与丰富的空间体验。设计时，景观小品的组合、形态、材料要结合不同的空间序列的性质有主有次、有强有弱，才能更好地营造空间氛围。

三、环境行为与心理

（一）人的环境行为

不同性质的景观空间之所以具有不同的空间形式，很大程度上是因为在这些场地中，人的行为模式的不同。扬·盖尔（Jan Gehl）在《交往与空间》中，把人在公共空间中的行为活动分为三种类型：必要性活动、自发性活动和社会性活动。

（1）必要性活动。指人们在不同程度上都要参与的活动，外部环境对这类活动的影响较小，活动者没有选择的余地。

(2) 自发性活动。一般是带有一定意愿的自主性活动，外部环境需要对活动者有一定的吸引力。

(3) 社会性活动。指在公共空间中有赖于其他活动者一起参与的各种活动。社会性活动属于综合性活动，在不同的场所其活动特点也各不相同。

不同的活动决定了人们对于环境空间的依赖性不同，从而也决定了在城市环境中，应对不同类型的活动需求设计不同的环境小品。

比如，在政治纪念性广场上的景观小品与居住小区休憩广场上的景观小品显然是不同的。即便同样是在居住小区的环境中，不同的景观小品的设置也会对居民的活动模式产生不同的影响。怎样最大程度地减少嘈杂、混乱与拥挤感？怎样使得环境容易识别，让不同年龄阶层的人在其中各得其所，互不干扰？景观环境应具有怎样的气氛，才能够吸引人？这些都是设计景观小品时为满足人的不同的行为需要所必须考虑的。

此外，根据人的行为活动特征进行分类，人的环境行为还可以分为独立性行为、群体性行为以及公共性行为。

(1) 独立性行为。是个人在场地环境中的活动行为，具有自我表述性，与周围人群的关系较为疏远，它要求宁静、私密和隐蔽感。

(2) 群体性行为。是个人处于群体内部发生的活动，此时，群体内部人与人之间的关系相对比较密切，如户外生日聚会、野营野餐、集体旅游等。

(3) 公共性行为。是人处于更为广泛的群体内发生的活动，如集会游行等。公共性行为中参加人群的类型不受限制，但参与人群之间的关系比较松散。

设计时要根据不同场地区域所容纳的环境行为特征，将景观小品的尺度、材质、色彩、造型等都要进行区分，才能创造舒适宜人的景观空间。如：在1～3 m的距离内，人与人之间能够进行较为亲切的交谈，那么亭廊、座椅、树下等此类景观小品就能够形成可以满足该尺度划分的小空间，人们在此驻足停留，其私密性要求能够得到保证，对于领域的控制感也能得到满足，见图2.9。

总之，了解人的各种行为模式及其特征，对景观小品的设计有着至关重要的作用。只有对这些因素有充分的了解，才能设计出真正符合人类需要的景观小品。成功的景观小品不仅为满足人们的各种社会活动交往提供了物质条件，还对身处其中的人们的生活方式和行为模式起到一定的启发和引导作用。

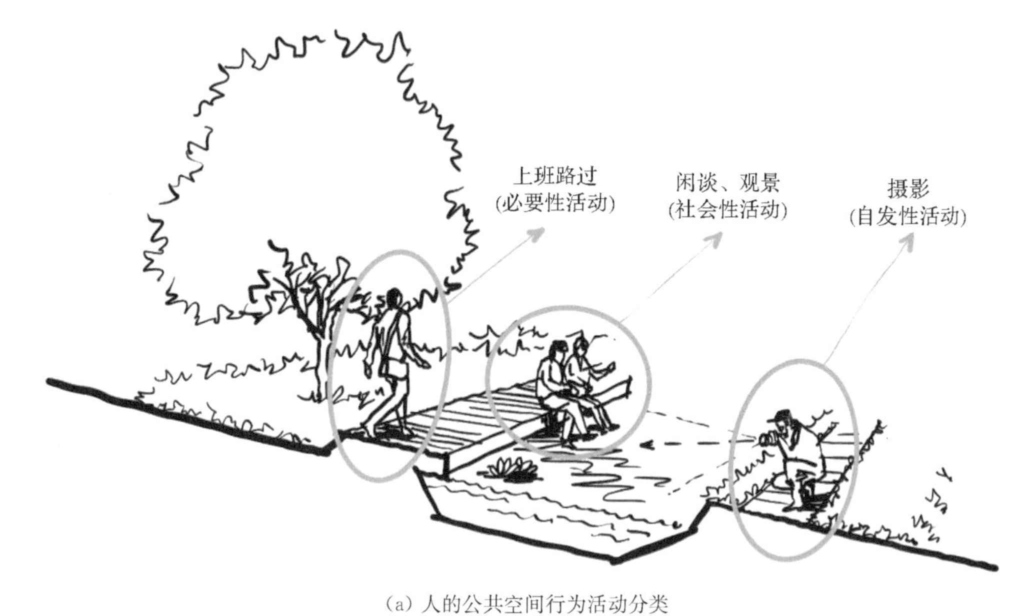

(a) 人的公共空间行为活动分类

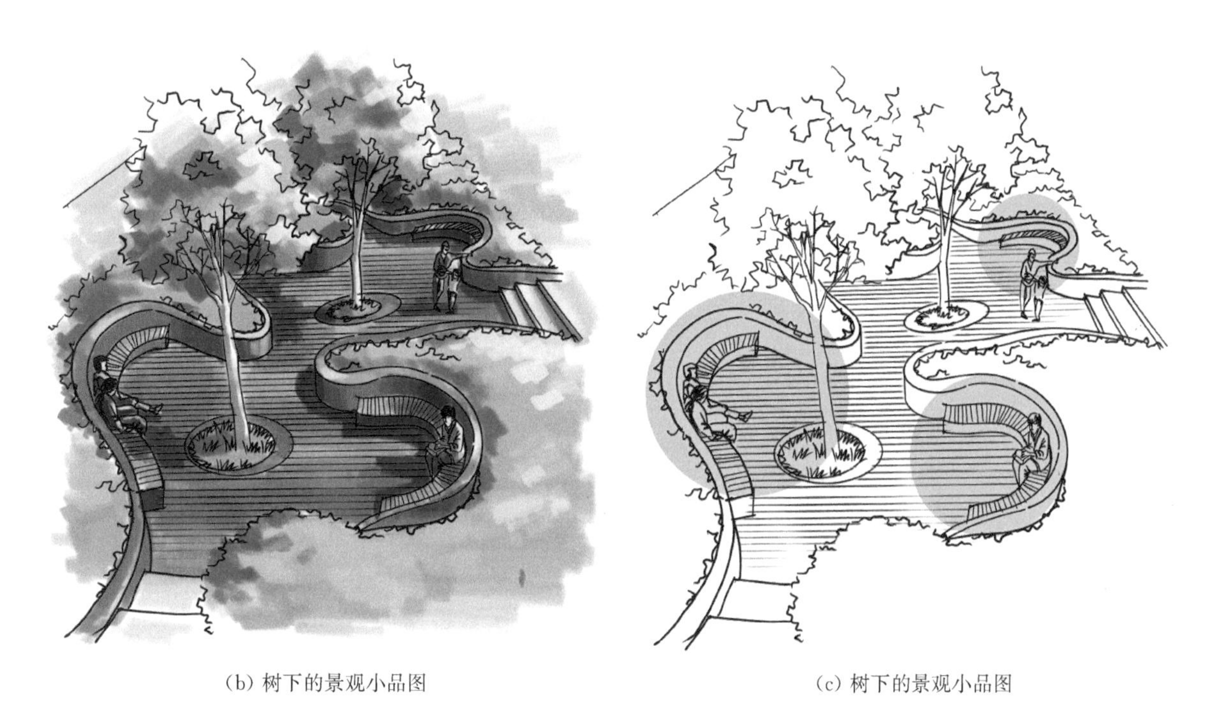

(b) 树下的景观小品图　　(c) 树下的景观小品图

图 2.9　人的环境行为

图片来源：作者绘制

(二) 人的环境心理需求

景观小品的设计仅满足人体尺度和行为活动模式是不够的，还要考虑人类心理需求的空间形态，如领域性、私密性和安全感等。

美国著名社会心理学家亚伯拉罕·哈洛德·马斯洛（Abraham H. Maslow，1908—1970）于1943年出版的《人类动机的理论》一书中首次提出了“需要层次论”。在《人类动机的理论》一书中，马斯洛将人的需要分为五个部分：生理的需要、安全的需要、归属与爱的需要、尊重的需要和实现自我的需要。这五种需要说明了人类在需求欲望上是由低层次向高层次、从物质层次向精神层次发展的。不同个体的社会背景因素，如民族、社会、地位、文化程度、年龄、兴趣爱好、职业等因素的不同，都决定了不同的人对于需求的选择以及实现需求所采取的不同的方式，而了解这些因素对于景观小品的设计尤为重要。领域性、私密性和安全感则是人们在景观空间中最基本的心理需求。

(1) 领域性。领域性是个人和群体为了满足某种需求，从而占有一个场所区域。在景观小品中，体现领域性的最典型的案例就是景观座椅的使用问题。在设计景观座椅时，仅仅只是考虑座椅的尺寸、靠背的角度已经不能满足游人的需要，必须同时考虑以下几个问题：座椅的布置方式会对人的行为产生什么样的影响？不同游人就坐时，具有什么样的心理需求？(如不愿受人干扰，希望看人也被人所看，乐于与一小群人进行交往等)。座椅供几个人坐憩合适？这些问题都超出了生理因素的范畴，需要用环境心理学的原则来指导环境小品的规划、设计。

调查发现，当第一位行人坐在长椅的一端时，第二位行人会坐在另一端以保持个人空间的私密性，第三位行人则会另择椅而坐，只有在万不得已的时候才会选择坐在前两者之间。这种现象也印证了人类学家爱德华·T. 霍尔（Edward T. Hall，1914—2009）曾经研究并提出的“个人空间气泡”理论，即每个人都被一个看不见的“个人空间气泡”所包围，气泡的大小代表个人的领域大小。当每个人的“气泡”和他人的“气泡”相遇重叠时，就会有领域受到侵犯的感受，产生不适感。个人空间气泡的大小与人际交往成反比，关系越亲密，气泡越小，反之亦然，见图 2.10。

因此，在设计中应该充分地考虑景观小品的使用及领域性对观者的心理所造成的影响，景观小品的设计要能够提供相适应的环境气氛，并通过形式、色彩、质感的不同来赋予景观小品以特定的属性来满足人类的心理需求。

图 2.10　个人空间气泡示意图

图片来源：作者绘制

（2）私密性。是指对于个人或某个群体在所处环境内对于生活方式和交往方式的选择性自我保护。私密性是相对公共性而存在的。景观场地空间可逐层划分为私密—半私密—半公共—公共。根据活动主体的性质不同，其所需要的空间私密性也不同，这也要求设计师在设计中要考虑到不同的活动需求，利用不同的景观小品元素，从空间大小、边界的封闭与开放等方面为人们提供聚散离合的不同层次的空间。

如图 2.11 中景观场地中的垂直界面物，当其高度在 30 cm 时，只是刚好能到区别领域的程度，划分后空间几乎没有私密性；高度为 60 cm 时，空间在视觉上有连续性，但还没有达到封闭性程度，是人们能够凭靠休息的大致尺寸；当达到 1.2 m

高度时，该垂直界面作为划分空间的隔断性被强化起来，观者身体的大部分被遮蔽，私密性加强，观者能够获得安全感；达到 1.5 m 高度时，除头部之外，身体都被遮挡了，观者产生了更为强烈的私密性和安全感；当达到 1.8 m 以上的高度时，私密性会更加明显。

图 2.11　不同垂直界面的高度示意图

图片来源：作者绘制

由此可见，设计时根据不同空间的使用性质，景观小品可以通过高度、围合等方式的变化创造多样的层次属性空间。

(3) 安全感。安全感的获得是基于领域性与私密性的基础之上的。当个人或某个群体的领域性和私密性得到满足，其安全感也同时获得。

在景观场地中，人们一方面有观看的需求，另一方面，也渴望在环境中得到庇护，只有在设计中为人们提供一定的庇护空间，人们的安全感才能够得到满足。

研究表明，在景观场地中，往往设置有植物或构筑物作为背景的边界地带处的休息点容易受到人们的青睐，景观休息设施常常设置在一个场地的边界处，如图 2.12，在有植物或构筑物作为背景的边界地带，一方面，人们的背后区域能够形成屏障，有依靠感；另一方面，边界自身往往也是景观场地中众多信息汇集的地方，是变化的区域，容易受到人们的关注。

图 2.12　边界地带的景观休息设施示意图

图片来源：作者绘制

对于一块场地来说，人们往往会更多地关注场地边缘特性而非场地的中央。就好像在日常生活中，人们进入餐厅，在座位充裕的情况下往往会选择靠在边缘角落的位置而非处于中心的位置，这样就使得周围的环境都在自己的视域范围内，容易产生安全感。

总之，结合人的心理特征而设计出的景观小品比单纯从功能要求和人体尺度等为设计出发点的景观小品更满足人的真正需要。

四、景观小品设计的基本原则

就城市景观而言，街道上的一切环境设施和建筑小品设计与建筑物设计同样重要。如：街道上所需要的各类景观小品往往要配合适当的地点，反映出特定的功能需求。交通标志、行人护栏、城市公共艺术、电话亭、邮筒、路灯、饮水设施等应进行整体的配合，才能表现出良好的街道景观。

具体设计时有大致的以下要求：

(1) 兼顾装饰性、工艺性质、功能性和科学性的要求。小品的布置要符合人的行为心理要求，设计时要注意符合人体尺寸的要求，使其布置更加合理和具有科学性。

（2）整体性和系统性的保证。应对景观小品精细整体的布局安排、尺度比例、用材施色、主次关系和形象连续等方面进行综合考虑，并形成系统，在变化中求得统一。

（3）具备一定的更新可能性。景观小品的使用寿命一般不会像建筑物那么永久，因而除了考虑造型外，还应考虑其使用年限，以便日后有更新和移动的可能性。

（4）综合化、工业化和标准化。花台、台阶、水池等大多可与椅凳结合，既清洁又美观，方便人们的使用，扩大“供坐能力”；而基于“人体工学”的尺寸模数，又可以使设计制造采用工业化、标准化构件，加快建设的速度，节约成本。

（5）尺度适配。不同性质、功能和主题的景观场地，要有合适的规模和尺度的景观小品，如政治性的广场和休闲娱乐性的广场，在景观小品尺度上应该有较大的区别。

本章思考题

1. “模数理论”提出的依据是什么？
2. 根据人的最佳视域范围测算出的最佳视距是什么？如何在设计中运用？
3. 高度为 1.2 m 的景观墙会给人带来什么样的感受？
4. 景观小品设计的基本原则有哪些？试举例阐述其中的两个原则。

第三章

各类景观小品设计分析

一、雕塑

雕塑在景观设计中起着特殊而重要的作用，它在丰富和美化人们生活空间的同时，又丰富了人们的精神生活，反映着时代精神和地域文化的特征。世界上许多优秀的雕塑已成为城市的标志和象征的载体，而一些尺度较小的雕塑则常放置在广场、公园、道路景观带、居住区、建筑门厅前等场所，独立或形成系列和主题，点缀、美化着环境。

（一）雕塑的分类

1. 按雕塑的艺术处理形式分类

具象雕塑：以写实和再现客观对象为主的雕塑，是一种容易被人们接受和理解的艺术形式，在景观设计中应用较为广泛。

抽象雕塑：对客观形体加以主观概括、简化或强化的雕塑，或是将几何形进行抽象，运用点、线、面、体块等抽象符号加以组合的雕塑。抽象雕塑较之具象雕塑更为含蓄、概括，具有强烈的视觉冲击力和现代感。

2. 按雕塑占有的空间形式分类

圆雕：是指对形象进行全方位立体塑造的雕塑，具有强烈的体积感和空间感，可从不同角度进行观赏。圆雕起伏大，在阳光照射下会产生丰富的光影而有很好的观赏效果。

浮雕：是指对形象的某一定角度进行立体塑造的雕塑，是介于圆雕和绘画之间的一种表现形式，其依附于特定的体面上，一般只能从正面或侧面来观赏。浮雕依其起伏的高低，又可分为高浮雕和浅浮雕，高浮雕有较强的立体感，而浅浮雕的平面性较强，表现力主要靠线条及形象的轮廓。高浮雕和浅浮雕常相互结合，共同出现在同一空间中，让层次丰富而有变化。

透雕：是指在浮雕画面上保留形象的部分，挖去衬底部分，形成有虚有实、虚实相间的雕塑。透雕具有空间流通、光影变化丰富、形象清晰的特点。

3. 按雕塑的功能作用分类

纪念性雕塑：是指以庄重、严肃的外观形象来纪念一些伟人和重大事件的雕塑。纪念性雕塑或以纪念碑雕塑形式出现，或以人物形象为主体展开，或代之以具有象征意味的其他形象，以其鲜明的形象语言来唤起人们对人物或事件的怀念。纪念性雕塑在相应景观中一般处于中心或主导位置，起到控制和统帅全部景观的作用，因此所有的景观要素和平面布局都应服从于雕塑的总立意。

主题性雕塑：是指在特定景观中，为增加其文化内涵，表达某些主题而设置的雕塑。主题性雕塑与景观有机结合，可增加表意功能，达到表达鲜明景观特征和主题的目的。

装饰性雕塑：是指在景观中起到装饰、美化功能的雕塑。装饰性雕塑不一定要有鲜明的思想内涵，但强调景观中的视觉美感，设计手法上不管是夸张变形的还是再现客观对象的，都应给人带来美的享受和精神情操的陶冶。

互动性雕塑：是指不仅具有装饰性美感，而且有其实用、互动功能的雕塑。互动性雕塑常设置在景观中人们休息娱乐的区域，可提高整个场所的生动性和被关注性。如：在儿童游乐场中，一些装点成各种可爱小动物的雕塑，既点缀了环境，产生了美感，又是儿童的玩具，带来很好的接触感、亲切感和参与感。

4. 按雕塑使用材料分类

石材雕塑：是指用花岗岩、砂石、大理石、汉白玉、彩色水泥等制作的雕塑，多数有较好的耐火性和耐久性，色彩自然，见图 3.1。

(a) 人物类雕塑 1

(b) 人物类雕塑 2

图 3.1　石材景观雕塑

图片来源：景观中国

木材雕塑：是指用松木、檀木、梨木、枫木、藤、竹等制作或编织出的雕塑，不适合暴露在野外，如广场、道路、街口等，适合放置在居住小区、庭院、小型公园等地方，见图 3.2。

金属雕塑：是指熔模浇铸和金属板锻造成型的雕塑，材料包括青铜、铸铁、不锈钢、铝合金等，见图 3.3。

综合材料雕塑：是指材料为树脂、塑性材料的雕塑，其成型方便、坚固、质轻、工艺简单，见图 3.4。

(a) 互动性雕塑 1

(b) 互动性雕塑 2

图 3.2 木材景观雕塑

图片来源：Archdaily

(a) 动物类雕塑 1

(b) 动物类雕塑 2

(c) 装饰性雕塑 1

(d) 装饰性雕塑 2

(e) 装饰性雕塑 3

(f) 植物类雕塑

图 3.3 金属景观雕塑

图片来源：(a)、(b)、(c)、(f) —景观中国，(d)、(e) —谷德设计网

（a）卡通造型雕塑

（b）可攀爬的雕塑

（c）装饰性雕塑 1

（d）装饰性雕塑 2

（e）仿红色绸带造型雕塑

（f）仿山脉造型雕塑

图 3.4　综合材料雕塑景观

图片来源：（a）、（b）—景观中国，（c）、（d）—谷德设计网，（e）、（f）—hhlloo

上述内容扼要地介绍了景观雕塑的分类。除此之外，依据色彩还可将雕塑分为原色雕塑和有色雕塑，依据物质属性还可分为人物类雕塑、动植物类雕塑、艺术想象类雕塑、人工制品类雕塑等。实际上许多雕塑可同时兼具两种或多种特性，如装饰性雕塑也可作为主题性雕塑，甚至可作为互动性雕塑。

(二) 雕塑的设计要点

1. 注意整体性

雕塑在布局上要注意与整体环境的协调。在设计时一定要先对空间环境特点、历史文化背景等方面有全面、准确的理解和把握，进而确定雕塑的形式、主题、材质、体量、色彩、尺度、比例、状态、位置等，不可让其成为与环境毫不相关的摆设，也要避免由于雕塑的鲜明而轻微影响整体景观的统一协调。其中，确定雕塑的尺度和比例时要进行严格的视域分析，在芦原义信的《外部空间设计》中，视距比例公式为：观赏距离：景物高度＝2：1，如果雕塑为 2 m，那么观赏者到雕塑的距离约为 4 m 时方可完整观看雕塑的全貌，这就要求设计师合理确定雕塑高度并考虑观赏者的观赏距离和活动空间。同时，当周边景观中有保护性的建筑或构筑物时，要更加注意横向和竖向的空间尺度比对，总结出雕塑在环境中的视觉敏感范围，避免造成视觉污染或因尺度不当而显得突兀。

2. 体现时代感

雕塑以美化环境为目的，应体现时代精神和时代的审美情趣。在取材上应注意内容、形式适应时代的需求，不能陈旧，应有观念的前瞻性。在造型形式上应遵循形式美的法则，结合时代的审美情趣，巧妙运用各种造型元素，形成如对称性、张力、平衡感、节奏和韵律感等形式特征，追求时代的个性化。

3. 注重与配景的有机结合

雕塑应注重与水景、灯光照明和绿化等配合，以构成完整的景观。雕塑与水景配合，可产生虚实、动静的对比效果，构成现代雕塑的独特景观；雕塑与灯光照明配合，可产生通透、清幽的视觉效果，增加雕塑的艺术性和趣味性；雕塑与绿化配合，可产生软硬质感对比和色彩的明暗对比效果，形成优美的环境景观。

4. 重视工程技术

雕塑通常因体量较大或使用硬质材料，必然牵涉到一系列工程技术问题。一件成功的雕塑作品除具有独特的创意、优美的造型外，还必须考虑到现有工程技术条件能否使设计成为现实，否则很有可能因无法加工制作而让设计流于纸上谈兵，或达不到设计的预期效果。而巧妙地运用新材料和新工艺又可创造出新颖的视觉效果，如一些现代动态雕塑，借助现代科技的机械、电气、光学效应，突破了传统雕塑的静态，产生出变化多端的奇异景观，见图 3.5。

(a) 镂空灯光投影雕塑

(b) 数字化动态雕塑

(c) 灯光喷雾雕塑

图 3.5　现代动态雕塑景观

图片来源：大作网

二、构筑物类

构筑物类景观小品是在环境设计中，出于对地形改造、场地设计、安全防护、空间围合等需要而进行的建设，是构成环境景观的重要元素；在设计过程中要求设计师对构筑物类小品要素的细节进行艺术设计，从而增加空间环境的吸引力，提升人们的生活质量。

构筑物类景观小品主要包括功能性构筑物设施，如亭、廊架、通风口、采光井等；防护设施，如挡土墙、护坡、堤坝、护岸；围护（拦阻）设施，如墙体、围栏等。构筑物类景观小品以小型建筑物和构筑物为主，具有一定可使用的内部空间，但其面积、体积以及功能性却完全不同于其他建筑物，而是更注重景观的场所性、艺术性、游憩性。因此，在设计过程中除注重构筑物类景观小品的结构设计外，还应重点考虑它的美学特征和文化内涵。

（一）亭

“亭者，停也，人所停集也。”亭是供人们休息、赏景的地方，又是环境景观中的一景。亭一般四面透空，多数为斜屋面，体量小巧、结构简单、造型别致，其选址既要造在方便观赏风景的地方，供人游憩，为人遮风避雨，提供良好的观景视野，同时要和周边环境相协调，并在景观中起到画龙点睛的作用，见图 3.6。

(a) 茅草亭

(b) 现代圆亭

(c) 古典亭

(d) 膜结构亭

(e) 现代曲面亭

(f) 现代园亭

图 3.6 景观亭

图片来源：(a)、(b)—景观中国，(c)—谷德设计网，(d)—Archdaily，(e)—Archdaily，(f)—Archdaily

1. 亭的分类

亭一般可分为传统园林中的亭和现代景观亭。传统园林中的亭依平面形式可分为正多边形亭、不等边形亭、曲边形亭、半亭、双亭、组合亭及不规则形亭，依建筑屋檐形式可分为单檐亭、重檐亭、三重檐亭等，依亭顶的形式可分为歇山顶亭、攒尖顶亭、盝顶亭、盔顶亭、卷棚顶亭、扇面顶亭等，依亭的位置可分为山亭、沿水亭、平地亭等。

现代景观亭由于材料的多样、风格的多元化，呈现出独具个性、不拘一格的特色，依设计风格主要分为新中式亭、仿生亭、生态亭、解构组合亭、新材料结构亭、现代创意亭、智能亭等。这里主要讨论现代景观亭。

(1) 新中式亭

即用现代的手法创造的传统亭，在比例和形式上以传统亭为模板，在结构上进行简化，在材料和细部设计上进行创新，使用新的技术手法对传统亭进行传承与发展，见图3.7。

(2) 仿生亭

即模拟生物界中自然物体的形体及内部组织特征而建造的亭，是仿生建筑的一种，比如模拟自然界中树的生长方式和吸收二氧化碳净化空气的功能来设计的人工树等，见图3.8，BUGA纤维展亭是基于斯图加特大学计算设计与建筑研究院（ICD）和斯图加特大学建筑结构与结构设计研究院（ITKE）在仿生方面的长期研究而建造成。展亭将尖端计算机技术与自然界中发现的建造原理相结合，构建出一个具有革新性的、真正的数字建筑系统，展示出独特而真实的建筑性表达以及非凡的空间体验。

图3.7　新中式亭

图片来源：谷德设计网

图3.8　BUGA纤维展亭

图片来源：谷德设计网

(3) 生态亭

即根据所处环境，采用对生态环境没有破坏的技术与材料建造的亭，其材质可循环利用或可再生（如金属、玻璃等），符合环保要求，而且在形象上具有现代感。比如采用当地乡土植物就地取材设计的植物景观亭，见图3.9中的“云在亭”，其位于北京林业大学校园内的一片小树林中，占地约120 m^2，以竹材构建，整体保存了传统的手工艺特征，与校园环境和花园节的氛围相契合，为师生们日常休闲、小型聚会等提供了一处灵活的户外场所。基地北侧和西侧面向校园道路，被树林、广场灌木、纪念石刻、休闲座椅环绕形成螺旋形广场，“云在亭”位于广场中心。灵活的设计条件和竹材适宜弯曲加工的特性，“云在亭”展示了一种自由、轻松同时又具有张力的形态设计。

(4) 解构组合亭

即用解构的手法，将亭的构成元素重新组合，并进行变构而形成亭的新的形式，见图 3.10，将规则的圆形亭顶打散重组形成极具后现代感的景观亭。

(5) 新材料结构亭

随着各种新型技术的发展，玻璃、钢架、PVC、纤维等现代建筑材料结合现代结构设计，形成造型各异的现代景观亭。如张拉膜结构亭，钢结构与膜结构相结合的景观亭，集建筑学、结构力学、材料力学与计算机技术为一体，见图 3.11。

(6) 现代创意亭

即追求现代及后现代风格，运用大胆夸张的想象及新型材质，见图 3.12，结合现代构成理念将同一元素根据空间雕塑结构编排的现代景观亭。

图 3.9 "云在亭"生态景观亭
图片来源：谷德设计网

图 3.10 解构组合亭
图片来源：Archdaily

图 3.11 张拉膜结构亭
图片来源：YEFANN

图 3.12 现代创意亭
图片来源：Archcollege

(7) 智能亭

结合现代信息、网络技术或采用声、光、电技术设计与现代城市生活密切相关的智能亭。见图 3.13，带有触摸电脑屏及连接 Wi-Fi 的多功能上网亭，利用太阳能充电原理，通过USB端口或标准的电源插座和电气设备，设计提供给学生和社区成员为笔记本电脑、手机、电动自行车充电的太阳能充电亭等。

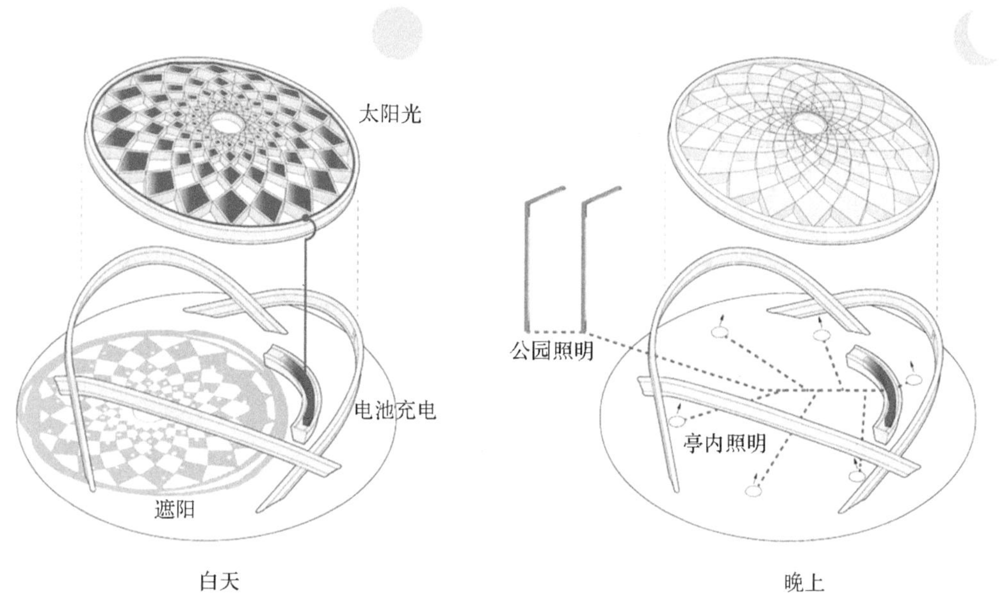

图3.13　智能太阳能亭

图片来源：Archdaily

2. 亭的设计要点

景观亭应设置于道路、节点中的重点部位，如场地中心、转折点、风景序列的入口、水边等，或在道路一侧与其他素材构成独立小景，见图 3.14。

亭的造型主要取决于其平面形状、平面组合及屋顶形式等。各种造型亭的设计形式、尺寸、题材等应与其所处的环境景观相配套，要根据民族、民俗、周围环境及设计主题来确定其形式及色彩。

亭的体量大小要因地制宜，结构设计要安全可靠，应充分考虑风、雪荷载的环境因素的影响，其外部结构如采用中粗立柱，可增添安全沉稳的感觉。同时，还应充分考虑现代社会对信息接收和无线网络的需求。

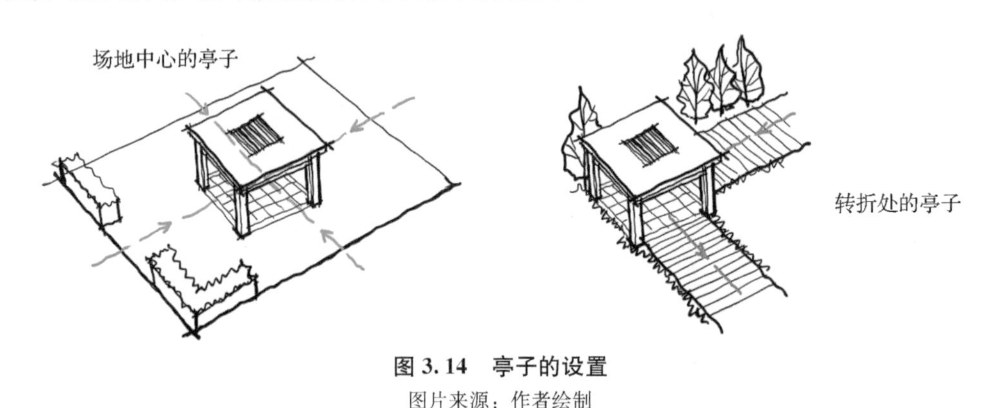

图 3.14　亭子的设置

图片来源：作者绘制

（二）廊架

廊架一般包括廊和花架，廊的主要作用在于联系建筑和组织行人的路线，此外还可以使空间层次更加丰富多变，供人在内行走，可起导游作用，也可供人停留休息时赏景、遮阳、避雨，同时划分了空间，是组成景观的重要手段，并且其本身也成为景观的一部分。花架既为攀缘植物提供生长空间，也可作为景观通道；花架的结构要简洁，适合攀缘植物的生长。

1. 廊

在中国古代建筑中，“廊”常与寝宫、宅户连接，是组成院落领域内中介空间的主要设施。传统的廊是亭的延伸，屋檐下的过道及其延伸成的独立的、有顶的过道称作廊。“廊者，庑出一步也，宜曲宜长则胜。”廊是一种分隔园景、增强层次感、划分空间的建筑，同时起到连接交通的作用，并能使室内不受风雨之侵，具有供游人休息的作用，夏天时使人也不会受阳光炙烤。从建筑艺术上来说，廊增加了空间层次；廊以狭长曲折取胜，但太长反而显得单调乏味。

见图 3.15，浙江音乐学院“溪上飞檐”景观廊，借由中国传统绘画散点透视的创作手法，转译古典园林“栈、廊、檐、桥”的空间元素，在折廊的纵深空间内，将多个视线焦点、空间形式以及行为场景进行叠合，使得人们在行走与观览中获得迂回且多元的空间体验与阅读视角；通过在栈道上立柱架檐，顺应山缘驳岸之势弯折，并于中部折廊入溪；行人落步三两阶即可闲坐溪面，融合坐立、观看及漫步功能，营造动静相宜的共享休憩场所。

图 3.15　“溪上飞檐”景观廊

图片来源：谷德设计网

见图 3.16，白水道景观天桥“江海云道”景观廊，其栏杆及廊架采用仿木涂装，廊架顶部设有灯饰，灯饰于夜间熠熠生辉。

图 3.16　“江海云道”景观廊

图片来源：谷德设计网

(1) 廊的分类

① 根据廊的横剖面形式可分为双面空廊、单面空廊、双层廊、单支柱廊、暖廊、复廊等。

双面空廊有柱无墙，两边透空，在景观中应用最广；它可以使一边的景物成为另一边的远景，见图 3.17。

图 3.17　北京颐和园双面空廊

图片来源：作者拍摄

单面空廊又称半廊，一面透空，另一面沿墙设各式漏窗门洞，常起美化墙面、增添景物层次的作用，见图 3.18。

(a) 庭院单面空廊

(b) 建筑单面空廊

图 3.18　单面空廊

图片来源：园景人

双层廊又称阁道、楼廊，分上下两层，用以联系不同高度的建筑或景物，游人通过上下交通，可多层次、多角度地欣赏园林景色。布局可依山傍水，或高低曲折地回绕于厅堂、住宅之间，成为上下交通的纽带。例如扬州何园的楼廊由半廊、复廊等各种形式的廊组成，灵活自然，巧而得体，见图 3.19。

单支柱廊是指只在中间或一侧设一排列柱的廊。这种形式的廊轻巧空灵，现代公园应用最多，如图 3.20。

图 3.19　扬州何园楼廊

图片来源：作者拍摄

图 3.20　单支柱廊

图片来源：园景人

暖廊是指在空廊的两侧柱间安装花格或窗扇（窗扇可以开闭）以适应气候变化的走廊。这类廊多用于北方寒冷地区，作为联系建筑物之间内部空间的通道，可达到风雨无阻的目的，但在景观园林中较为少见，见图 3.21。

图 3.21　暖廊

图片来源：园景人

复廊又称里外廊，是在空廊的中间加一道隔墙，两侧都可以通行，形成两道并列的半廊。这类廊以隔为主，但多在隔墙上开设精美的漏窗，行于一侧的人可不断地观赏另一侧的景物。在园林中多布置在两侧景物特征各不同的地段，作为景区的过渡，尤为自然，如沧浪亭的复廊设在水际山崖之间，怡园的复廊分隔东西两家，都具有一定的代表性，见图 3.22。

图 3.22　怡园复廊

图片来源：百度

② 根据廊的整体造型可分为直廊、曲廊、抄手廊、回廊等。

直廊的走势比较平直，直行的廊变化较少，因此园林中使用的直廊大多较为短小，见图 3.23。

曲廊的形体曲折多变，设计师为追求游园时景致的多变性与景区的曲折性，在园中多设曲廊，见图 3.24。

图 3.23　直廊
图片来源：搜狐网

图 3.24　曲廊
图片来源：hhlloo

抄手廊，也称抄手游廊，"抄手"的意思是廊的形式像同时往前伸出而略呈环抱状的两只手，所以也有人称它为"扶手椅"式的游廊，或者是 U 形走廊。抄手游廊一般设在几座建筑之间，并且是设在走势有所改变的不同建筑之间，比如在一座正房和一座配房的山墙处，往往用抄手游廊连接，而且因为中国的建筑大多是对称布局，所以抄手游廊也多因此呈对称式，左右各一，见图 3.25。

回廊是回环往复形式的廊子。它不像其他廊子一样，即使曲折也大体呈直线，而是在曲折中又有回环。在园林中，回廊一般都是设置在建筑的周围，四面通达，使游人在建筑的四面皆可观景，见图 3.26。

图 3.25　北京恭王府抄手廊
图片来源：作者拍摄

图 3.26　北京恭王府回廊
图片来源：摄图网

③ 根据廊的立面造型可分为爬山廊、叠落廊、桥廊、水廊等。

爬山廊，即建在山坡上的廊，它由坡底向坡上延伸，仿佛正在向上爬山，所以得名。爬山廊因为接在山坡上，所以它的形体自然就有了起伏，这样一来，即使廊子本身没有曲折变化，也会是一道美妙的风景，如果廊子本身形体再有所转折，会更加吸引人。有了爬山廊，游人可更为方便地上山坡，观景不必多绕圈子。同时，爬山廊也将山坡上下的建筑与景致连接起来，形成完整有序的景观，见图 3.27。

叠落廊，相对于其他形式的廊子来说，叠落廊看起来比较特别，它是层层叠叠的形式，犹如阶梯。即使形体本身没有曲折的走势，但因是层层升高的形式，所以自有一种高低错落之美。大多叠落廊的形体都比较小，这也是由它的形式所限，见图 3.28。

图 3.27　瞻园爬山廊

图片来源：360 图片

图 3.28　叠落廊

图片来源：bjhhjs. com

桥廊，桥梁上建的廊，可美化桥身，也可以为行人遮蔽风雨、遮挡烈日阳光，也可供过往行人休息，见图 3.29。

图 3.29　桥廊

图片来源：大作网

水廊，跨水或临水而建，能丰富水面的景观，不使水面过于单调；同时它也能使水上空间半隔半连，形成曲折，增加水的深度，给人水有源而长流的感觉，更富有意境，见图 3.30。

总之，廊既不同于一般建筑的“实”，又异于自然的“虚”，如果将整个景观比作“面”，将其他建筑看作“点”，那么廊便起着连接“线”的作用。

图 3.30　水廊

图片来源：园景人

(2) 廊的设计要点

平面设计。根据廊的位置和造型需要，其平面可设计成直廊、曲廊、回廊、叠落廊等（图 3.31）。

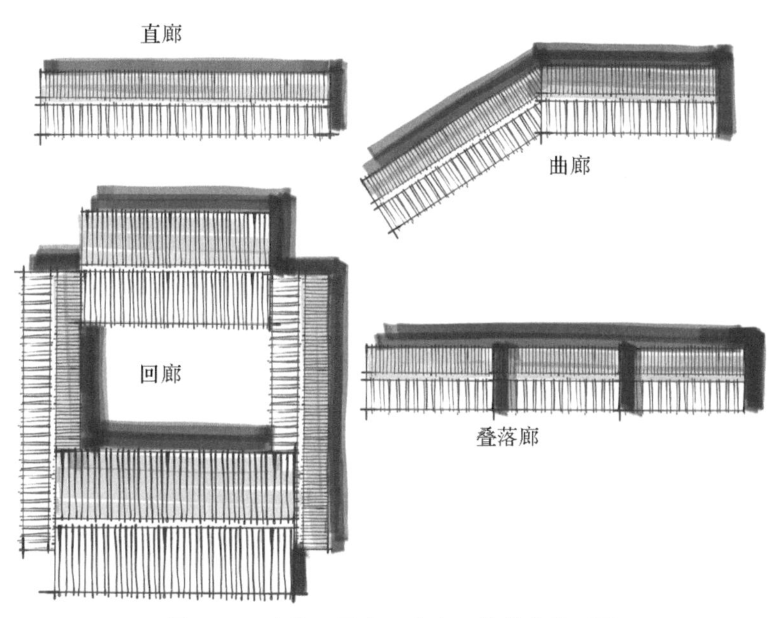

图 3.31　直廊、回廊、曲廊、叠落廊的平面

图片来源：作者绘制

立面设计。廊从立面上突出表现了虚实的对比变化，从整体上说是以虚为主，这主要还是功能上的要求。廊作为休息赏景建筑，需要开阔的视野。廊又是景色的一部分，需要和自然空间相互延伸，融于自然环境之中。在细部处理上也常采用虚实对比的空心构件，如罩、漏、窗、博古架、栏杆等，似隔非隔，隔而不挡，丰富整体立面形象。

体量尺度。廊从空间上分析，可以讲是“间”的重复，要充分注意这种特点；有规律的重复，有组织的变化，形成韵律，产生美感。

分隔空间。在传统园林中，廊分隔空间的手法或障或露，在平面设计上可采用曲折迂回的办法（曲廊）来划分大小空间，改变单调感，但要曲直有度。

出入口设计。廊的出入口一般布置在楼的两端或中部某处，出入口是人流集散的主要地方，因此我们在设计时应将其平面或空间适当扩大，以尽快疏散人流，方便游人的游乐活动。在立面及空间处理上作重点装饰，强调虚实对比，突出其美观效果。

内部空间处理。廊的内部空间设计是廊在造型和景致处理上的主要内容，因此要将内部空间处理得当。廊是长形观景建筑物，一般为狭长空间，尤其是直廊，空间显得单调，所以把廊设计成多折的曲廊，可使内部空间产生层次变化；在廊内适当位置做横向隔断，在隔断上设置花格、门洞、漏窗等，可为廊内空间增加层次感、深远感；在廊内布置一些盆树盆花，不仅可以丰富廊内空间变化效果，还能提升行人的游览兴趣；在廊的一面墙上悬挂书法、字画，或装一面镜子以形成空间的延伸与穿插，形成动与静的对比；廊要有良好的对景，道路要曲折迂回，从而有扩大空间的感觉；将廊内地面高度升高，可通过设置台阶来丰富廊内空间。

结构材质。可以采用木结构、钢结构、钢木组合结构、钢筋混凝土结构、可再生材料、塑料防水材料、金属材料等结合具体环境丰富廊设计的地方特色。

2. 花架

花架是攀缘植物的棚架，可供行人休息赏景，还具有组织、划分景观空间，增加景观深度的作用，又可为攀缘植物生长创造生物学条件。因此，花架把植物生长和供人休憩结合在一起，是景观中最接近自然的建筑物。

花架的造型灵活、精巧，本身也是景观对象，有直线式、曲线式、折线式、双臂式，单臂式。它与亭廊组合能使空间丰富多变，人们在其中活动，极为自然，见图 3.32。

(1) 花架的分类

根据使用材料的不同，花架可分为竹木花架、砖石花架、钢花架、混凝土花架、钢筋混凝土现浇花架、仿木花架等；根据其支撑方式可分为立柱式、复柱式、花墙式等；根据其上部结构受力不同，可分为简支式、悬臂式、拱门钢架式等。在现代园林中，根据其造型不同分类如下：

① 梁架式。也就是通常说的“葡萄架”。先立柱，再沿柱子排列的方向布置梁，在两排梁上垂直柱子的方向架设间距较小的枋，两端向外挑出悬臂。如供攀缘植物攀缘时，在枋上还要布置更细的枝条以形成网格，见图 3.33。

图 3.32　南京愚园花架
图片来源：作者拍摄

图 3.33　梁架式花架
图片来源：百度

② 半边廊式。此种花架依墙而建，另一半以列柱支撑，上边叠架小枋。它在划分封闭或开敞的空间上更为自如。在墙上也可开设景窗。设框取景能增加空间层次和深度，使意境更为含蓄深远，见图 3.34。

③ 单排柱式花架。单排柱式花架仍然保持廊的造园特征。它在组织空间和疏导人流方面，具有同样的作用，但在造型上却轻盈自由得多，见图 3.35。

图 3.34　半边廊式花架
图片来源：大作网

图 3.35　单排柱式花架
图片来源：大作网

④ 单柱式花架。单柱式花架又分为单柱双边悬挑花架、单柱单边悬挑花架。单柱式花架很像一座亭子，只不过有的顶盖是由攀缘植物的叶和蔓组成的，支撑结构

仅为一个立柱，见图 3.36、图 3.37。

⑤ 圆形或异形花架。平面由数量不等的立柱围合成圆形或异形布置，形成从棚架中心向外放射状，形式舒展新颖，别具风韵，见图 3.38。

图 3.36　单柱式花架 1——南京玄武湖情侣园

图片来源：作者拍摄

图 3.37　单柱式花架 2

图片来源：大作网

图 3.38　南京银杏里特色文化街区景观小品

图片来源：作者拍摄

⑥ 拱门钢架式。在花廊、甬道上常采用半圆拱顶或门式钢架时，人行于绿色的弧顶之下，别有一番意味。临水的花架，不但平面可设计成流畅的曲线，立面也可与水波相应设计成拱形或波折式。它们部分有顶，部分化顶为棚，在光照下投影于地的效果更佳，见图 3.39。

图 3.39　拱门钢架式花架

图片来源：大作网

(2) 花架的设计要点

花架结构设计要安全，花架设计不宜太高，不宜过粗、过繁、过短，要做到轻巧、简单，见图 3.40。

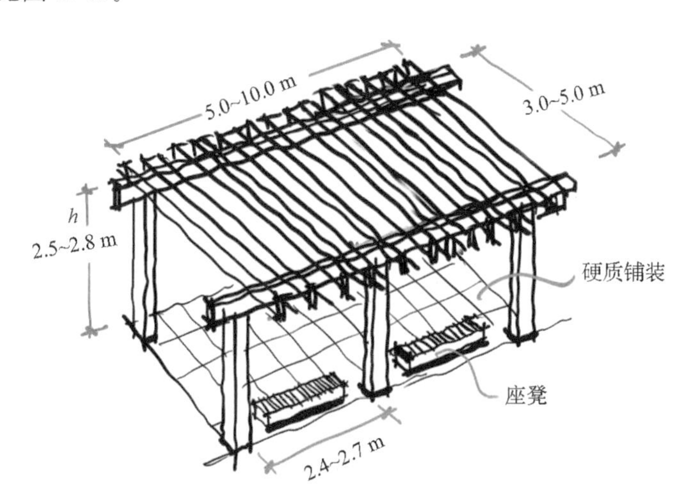

图 3.40　拱门钢架式花架设计图

图片来源：作者绘制

花架的标准尺寸为：高 2.5～2.8 m，宽 3.0～5.0 m，长度为 5.0～11.0 m，立柱间隔为 2.4～2.7 m。

对于盘结悬垂类藤本植物，花架设计应确保植物生长所需的空间，四周不易闭塞，除少数做对景墙面外，一般均应开敞通透。

因花架下会形成阴影，这里不应种植草坪，可用硬质材料铺砌地面。

花架的设计也常常同其他小品相结合。如在廊下布置座凳，供人休息或观赏植物景色；半边廊式的花架可在一侧墙面开设景窗。

(三) 景墙

在景观小品设计中，景墙既有防护和包围的功能，同时也有装饰、导游、衬景、丰富景观的作用，所以既要美观，又要坚固耐久，见图 3.41～图 3.48。

1. 景墙的分类

一般根据材料的不同，景墙分为混凝土墙、预制混凝土砌块墙、砖墙、花砖墙、石面墙等。这些景墙结合树、石、建筑、花木等其他因素，以及墙上漏窗、门洞的巧妙处理，形成空间有序、富有层次、虚实相间、明暗变化的景观效果。

图 3.41　南京银杏里特色文化街区景墙

图片来源：作者拍摄

图 3.42　红砖拼花组合景墙

图片来源：景观中国

图 3.43　圆形波纹景墙

图片来源：大作网

图 3.44　曲面景墙

图片来源：大作网

图 3.45　透光景墙

图片来源：大作网

图 3.46　镂空花纹景墙

图片来源：大作网

图 3.47　南京绿博园景墙

图片来源：作者拍摄

图 3.48　明发银河城入口景墙

图片来源：作者拍摄

（1）混凝土墙

混凝土墙的表面可做多种处理，如一次抹面、灰浆抹光、打毛刺、细剁斧、压痕处理、压痕打毛刺处理、改变接缝形式和削角形式、上漆处理、喷涂贴砖处理、刷毛削刮处理等，以及调整接缝间可以使混凝土围墙展现出不同的风格。此外，混凝土墙也可作为其他围墙的基础墙体，见图 3.49。

在实际项目操作中，需要注意的是混凝土墙的接缝设置标准。一般伸缩缝间隔为 20 m 以内，防裂切缝为 5 m 以内。砖墙的砂浆勾缝应设计为深灰缝。为避免石墙出现存水现象，应采用密封替代砂浆缝，尤其是靠近瀑布等水景容易沾水的墙体。

（2）预制混凝土砌块墙

预制混凝土砌块墙所使用的材料除混凝土外，还有各种经过处理加工的混凝土砌块。预制混凝土砌块墙的造价低，在建造一些小型住宅中，也常被用作围墙的基础墙体，见图 3.50。

图 3.49 混凝土墙

图片来源：大作网

图 3.50 预制混凝土砌块墙

图片来源：百度

(3) 砖墙

砖墙的砌法有很多，各自形成不同的效果，常见的有交叠式、英式、荷兰式等。此外，还可以使砖块凹进或凸出地堆砌，构成特殊的效果。通常墙体的砌筑采用混凝土作基础，表面铺以砖材围墙。砖材除国产普通黏土砖外，还有进口仿古砖，如澳大利亚仿古砖和英国仿古砖等。见图 3.51，砌造砖墙时，利用砖块的方向变化，将功能和艺术相结合，在满足功能的同时，赋予景观墙艺术的气质，为生活增添了更多乐趣。

(4) 花砖墙

花砖墙是一种以混凝土墙作基础，铺以花砖的围墙。由于花砖墙本身的品种、颜色、规格，以及砌法多样化，所以筑成的花砖墙形式复杂，见图 3.52。

图 3.51　砖墙
图片来源：搜狐网

图 3.52　花砖墙
图片来源：花瓣网

（5）石面墙

石面墙是以混凝土墙作基础，表面铺以石料的围墙。表面多饰以花岗岩，以毛石、青石作不规则砌筑。还有以石料窄面砌筑的竖砌围墙，以不同色彩、不同层面处理的石料构筑出形式、风格各异的围墙，见图 3.53。

图 3.53　石面墙
图片来源：花瓣网

2. 景墙的设计要点

线条。线条就是材质的纹理及走向和墙缝、墙体的式样。常用的线条有水平划分，以表达轻巧、舒展之感；垂直划分，以表达雄伟、挺拔之感；矩形和棱锥形划分，以表达庄重、稳定之感；斜线划分，以表达方向和动感；曲折线、斜面的处理，以表达轻快、活泼之感。

质感。根据材料质地和纹理所给人的触觉不同，它又分为天然和人为加工两类。天然质感多用未经琢磨的或粗加工的石料来表达，而人工质感则强调如花岗石、大理石、砂岩、页岩（虎皮石）等石料加工后所表现出的质地光滑细密、纹理有致，晶莹典雅中透出庄重肃穆的风格。

不同质感的材料，其所适用的空间环境也是不同的，如天然石料朴实、自然，适用于室外庭院及湖池岸边，见图 3.54；而精雕细琢的石材则适用于室内或城市广场、公园等环境，见图 3.55。

图 3.54　天然石材景墙
图片来源：小红书

图 3.55　镂空拼花景墙
图片来源：景观中国

虚实。中国古典园林讲求“通而不透、隔而不漏”，景墙既有隔断作用，也有漏景作用，墙体镂空可形成剪影效果。空间层次的组织、石块的堆叠可形成虚实、高低、前后、深浅、分层与风格各不相同的墙面效果。形成的空间序列层次感也较之满墙平铺的更为强烈。墙上可预留种植穴池，用于绿化或悬挑成花台，同时可以结合绿篱，形成虚实对比，衬托层次。

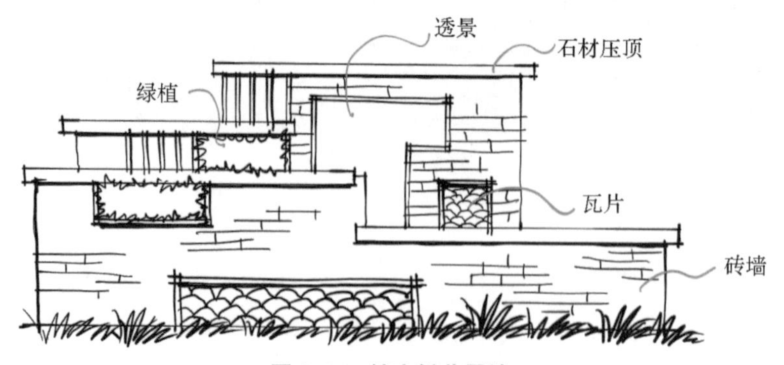

图 3.56　镂空拼花景墙
图片来源：作者绘制

(四) 景桥

园林水景中的桥，通常兼具交通功能和艺术观赏双重价值，它既是联系景点的交通工具，又可以成为独立的景点和观景点，因此也被称为景桥。在水景设计中，形式多样、造型优美的景桥为园林水景增添了不少情趣和意境。

1. 景桥的类型

景桥的类型多种多样，从平面上可将景桥分为一字形、十字形、Y形、八字形、工字形、S形、折线形等；从材料上可将景桥分为石桥、木桥、铁桥、钢筋混凝土桥、玻璃栈道景桥等，见图 3.57～图 3.61；从结构上可将景桥分为板式桥、拱桥、步阶廊桥及其他桥。常见的景桥有：梁板桥、拱桥、踏步桥、索桥、廊桥、现代景桥等。

(1) 梁板桥

梁板桥是古老的桥梁形式，又称平桥。分为单跨和曲折平桥，多贴近水面而建，造型简洁大方或小巧精致，见图 3.62。

图 3.57　石桥

图片来源：veer 图库

图 3.58　木桥

图片来源：veer 图库

图 3.59　铁桥

图片来源：摄图网

图 3.60　钢筋混凝土桥

图片来源：景观中国

图 3.61　玻璃栈道景观索桥

图片来源：景观中国

图 3.62　梁板桥

图片来源：图加加景观设计

（2）拱桥

拱桥在我国桥梁史上出现得较晚，但一经采用，就发展迅速，成为景桥中最富有生命力的一种桥型。拱桥有石拱、砖拱、木拱之分，其中石拱最为多见；又有单拱、双拱、多拱之分，拱的宽度视水面宽度而定，见图 3.63、图 3.64。

图 3.63　南京玄武湖芳桥

图片来源：作者拍摄

图 3.64　拱桥

图片来源：图虫网

（3）踏步桥

踏步桥即汀步，又称为布石、跳墩子，常设置于浅滩、小溪、跨度不大的水面上；是按一定间距将零散的置石点缀于水面上，便于人们通过的一种步道。由天然石材、雕琢过的石材或耐水材料形成方形、圆形、树桩式、荷叶式等造型，见图 3.65。

（4）索桥

索桥一般用于跨度较大的水面，给人以悬空、摇摆的感觉。根据材料的不同，有竹索桥、铁索桥和钢丝索桥，见图 3.66。

图 3.65　踏步桥

图片来源：左图—美篇，右图—景观中国

图 3.66　索桥

图片来源：欧莱凯设计网

（5）廊桥

廊桥也称亭桥，是景桥中的一种特殊形式，其造型特点就是在桥体本身加建了亭或者廊等园林建筑。目的是供游览者在游园时休息或躲避风雨，见图 3.67、图 3.68。

（6）现代景桥

随着现代科学技术的飞速发展，桥梁的结构技术、建筑材料也发生了巨大变化。技术的更新带来了新的结构形式、新材料的应用、新工艺的涌现以及设计师新锐的观念和创作的新境界。简洁优化的结构设计、新型材料的使用让景桥传递现代信息、体现科技精神，见图 3.69。

图 3.67 拙政园廊桥

图片来源：美篇

图 3.68 安顺廊桥

图片来源：图虫网

图 3.69 现代景桥——上海闵行横泾港东岸滨水景观

图片来源：知末网

2. 景桥的设计要点

进行景桥设计时，要做到适当选址、造型优美、细部完善，并能够与周边环境氛围相协调和融合。

(1) 景桥的选址

在景桥设计中，景桥的选址与总体规划、道路系统、水面的分隔或聚合、水体面积大小密切相关（图 3.70）。其造型应与环境特征相协调，不论相对于景观构筑物还是地形，均须在形式上保持统一。

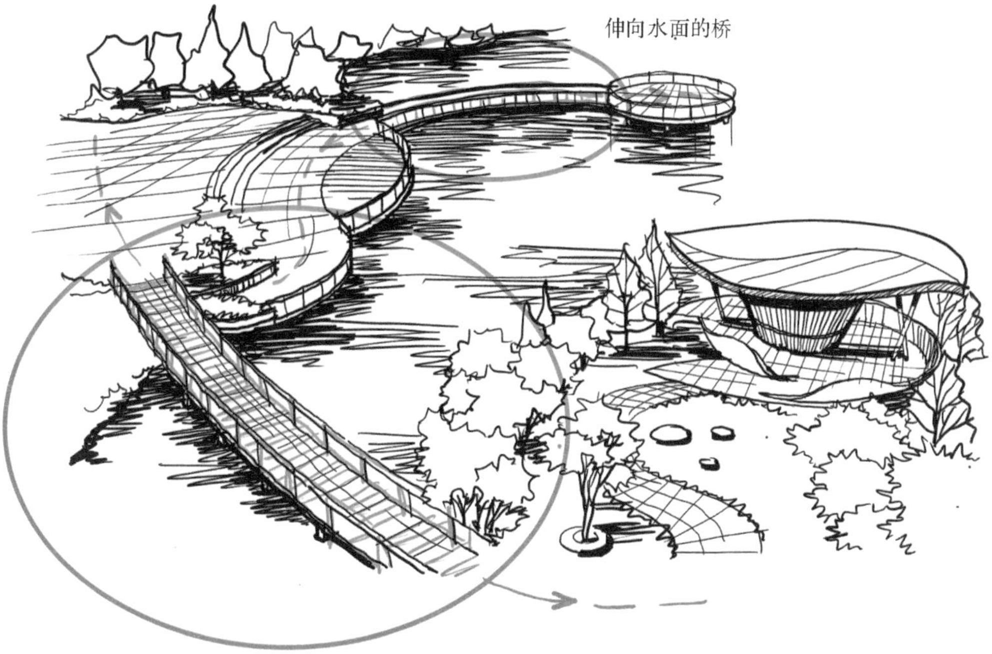

图 3.70　景桥的选址

图片来源：作者绘制

(2) 景桥的结构设计

景桥由上部结构、下部支撑结构两大部分组成。上部结构包括梁（或拱）、栏杆等，是景桥的主体部分，既要坚固，又要美观。下部结构包括桥台、桥墩等支撑部分，是景桥的基础部分，要求坚固耐用，耐水流的冲刷。桥台、桥墩要有深入地基的基础，上面应采用耐水流冲刷材料，还应尽量减少对水流的阻力，见图 3.71。

(3) 景桥的桥身设计

外形应体现美观，平静宽广水面上设置的景桥尽量考虑利用水的倒影形成丰富的空间层次。桥身的大小，应结合交通流量、环境特征综合确定，应与跨越的水面大小相协调，并与其所连接道路的式样及路幅一致。

(4) 景桥的细部设计

景桥的细部设计主要考虑通行效果和景观效果。首先，桥身所用的构筑材料，可用自然材料或仿自然的人工材料，或结合桥身的起伏，形成自然而有趣的通行空间。桥面还应有防滑措施，以便行人、车辆通行安全。其次，为提高井桥的观赏性，可结合桥两岸的树木、假山、岩壁等共同设计，如桥头植树，桥身覆以藤蔓等。桥上附属物如照明灯、座椅、花架等，可视实际情况决定是否设置。

图 3.71 景桥结构分析

图片来源：谷德设计网

(五) 驳岸

驳岸，即处于景观水体边缘与陆地交界处，是为稳定河岸、保护河岸不被冲刷或水淹所设置的构筑物。

1. 驳岸的类型

按照设计类型，驳岸主要分为规则式驳岸、自然式驳岸和混合式驳岸三类。规则式驳岸指用砖、石、混凝土砌筑的比较规整的驳岸。这类驳岸整体性强，造型简洁，耐冲刷，但缺少变化，见图 3.72。自然式驳岸指用卵石、假山石、植物、自然泥岸等天然材料形成的岸坡，这种驳岸没有固定形状或规格，自然亲切，景观效果好，见图 3.73。此外，景观中还有结合了规则式和自然式驳岸特点的一种混合式驳岸，如用毛石砌墙壁，见图 3.74。

2. 驳岸的设计要点

驳岸在断面上由三部分组成，即压顶、墙体、基础，有些还可根据结构需要加垫层。

恰当的驳岸处理可以丰富水景形象、营造多彩的岸边景观。驳岸设计时，必须结合水景所在区域的园林艺术风格、地形地貌、地质条件、水体形态、材料特性、种植设计以及施工方法、技术经济要求等方面来选择其结构形式。

图 3.72　规则式驳岸

图片来源：谷德设计网

图 3.73　自然式驳岸

图片来源：谷德设计网

图 3.74　混合式驳岸

图片来源：大作网

驳岸的高度应考虑水位变化和水位控制，并且要根据设计意图来控制驳岸的高度，尤其对于防洪要求较高的河段，可采取台阶式的分层处理，结合绿化植物的种植，创造具有连续性、景观性强的驳岸景观。

图 3.75 驳岸设计

图片来源：作者绘制

驳岸的生态设计可以改善水景的生态功能。设计时应结合水景本身特征，尽量表现自然，避免连续单调的线条；施工材料取于自然、取于当地；并提供水生植物、微生物栖息的微环境。

三、环境景观类

(一) 绿化小品

绿化小品是景观小品中最具生命力的一项元素，以其独特的观赏特性，四季分明的特点，色彩艳丽多变，形态千姿百态等优势，不仅带给人们视觉上美的享受，发挥着改善环境、烘托气氛、遮蔽视线、限制行为、变换空间等诸多功能，同时对人们的心理和生理健康起着重要的作用，见图 3.76～图 3.78。

图 3.76 庭院绿化小品

图片来源：谷德设计网

图 3.77 道路绿化小品

图片来源：谷德设计网

(a) 柱状绿化小品　　(b) 几何形绿化小品 1

(c) 立面绿化小品　　(d) 几何形绿化小品 2

图 3.78　绿化小品

图片来源：大作网

1. 绿化小品的分类

景观植物依照其生活类型可分为木本植物和草本植物，木本植物又可分为乔木、灌木、藤本，有常绿和落叶之分；而草本植物常被统称为花卉，分为一二年生花卉、宿根花卉和球根花卉，常用作草坪、地被、花坛、花境及水面绿化等。综合运用木本和草本植物进行造景是景观设计师的一项重要工作。对植物造景中常出现的绿化小品形式可进行如下分类。

(1) 绿篱

绿篱又称植篱、生篱，是指景观设计中利用小乔木或灌木成行密植且修剪整齐的篱垣充当篱笆、围栏等，用于分隔空间、屏障视线或起防护作用，见图 3.79。也有设计为特定的景点，如做植物迷宫。在我国古代即有用绿篱“以篱代墙”，而西方早期的景观设计中推崇对植物进行修剪造型，绿篱是其植物造景中的主要形象特征。

根据绿篱的整体形态，可分为规则式和自然式两种（见图 3.80、图 3.81）；根据绿篱高度，可分为矮篱、中篱、高篱三种（见图 3.82）；根据植物的材料特征，可分为花篱、果篱、刺篱、常绿篱和彩叶篱等（见图 3.83、图 3.84）。

(2) 绿雕

绿雕即绿化雕塑，是以植物为原材料，通过摘心、修剪、缠绕、牵引、编制等园艺整枝技术或特殊的栽种方式，实现雕塑造型和花卉园艺的完美结合而创造的雕塑艺术作品。它利用植物材料的立体造型，表达一定的主题内涵，并形成一个具有生命力、充满生机和色彩、赏心悦目的植物雕塑。由于选材不同，绿雕有时也被称作树雕或花雕。随着园林景观和园艺技术的发展，绿雕造型从以单株树木简单造型

图 3.79　绿篱

图片来源：景观中国

图 3.80　规则式绿篱

图片来源：花瓣网

图 3.81　不规则式绿篱——江北新区高新城市公园

图片来源：作者拍摄

图 3.82　不同高度的绿篱

图片来源：花瓣网

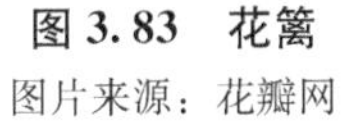

图 3.83　花篱

图片来源：花瓣网

图 3.84　彩叶篱

图片来源：搜狐网

为主的树雕、简单的花篮式造型或是以动物为造型的修剪花园，发展到复杂的人物、建筑物、园林构筑物、故事场景等造型，骨架结构也从最初的砖砌结构发展到钢木结构，造型更为多变，并传达出一定的思想主题和故事情节，见图 3.85，南京鼓楼广场上的孔雀绿雕名为“欢乐祥和”，头朝着广场东南方向，造型高达 8 m，长约 70 m，两只“孔雀”姿态优美。“孔雀”身体上羽毛层次分明，头部和颈部是五色草，身体由龙柏绿植、银姬小蜡及金叶、卵叶女贞等三层绿植有机组成。华丽的尾羽颇有层次感，羽毛上的鳞片选用了当季花卉角堇，远远望去，恰似孔雀尾羽上的眼状斑点。选定孔雀作为绿雕形象主题，寓意着南京欢乐祥和、和谐美好的都市面貌。

图 3.85　南京鼓楼广场上的孔雀绿雕

图片来源：搜狐网

(3) 花坛

花坛一般多设于广场和道路中央、两侧及周围等处，主要在规则式（或称整形式）布置中应用。外形多样，内部花卉所组成的纹样，多采用对称的图案，有浓厚的人工风味，装饰性强，在园林景观中能起到画龙点睛的作用。

依据花坛内部的种植材料，常划分为盛花花坛（图 3.86）和模纹花坛（图 3.87）。

按照造型特点，可分为平面花坛、斜面花坛和立体花坛（图 3.88～图 3.90）；在组合方式上有单独或连续带状（图 3.91）及成群组合（图 3.92）等类型。花坛要求经常保持鲜艳的色彩和整齐的轮廓。

图 3.86 盛花花坛

图片来源：花瓣网

图 3.87 模纹花坛——南京玄武湖景区

图片来源：作者拍摄

图 3.88 平面花坛

图片来源：大作网

图 3.89 斜面花坛
图片来源：大作网

图 3.90 立体花坛
图片来源：图行天下

图 3.91 带状花坛
图片来源：千图网

图 3.92 成群组合花坛——南京玄武湖景区
图片来源：作者拍摄

(4) 花境

花境是以树丛、树群、绿篱、矮墙或建筑物作背景的带状自然式花卉布置，这是根据自然风景中林缘野生花卉自然散布生长的规律，加以艺术提炼而应用于园林的。按照设计意图，又可将花境分为单面观花境（图 3.93）和双面观花境（图 3.94）。花境的边缘，依环境不同可以是自然曲线，也可以采用直线，而各种花卉的配置是自然斑驳混交。花境中各种各样的花卉配置应考虑到同一季节中彼此的色彩、姿态、体型及数量的调和与对比，但整体构图又必须是完整的，还要求一年中有季相变化。

(5) 花池

花池的种植床稍高于地面，通常由砖石、混凝土、木头等围护而成，高度一般低于 0.5 m，有时低于自然地坪，花池内部布置灵活，可以填充土壤直接栽植花木，也可放置盆栽花卉。根据花池内部的构成，可分为草坪花池、花卉花池和综合花池。草坪花池是指修剪整齐而均匀的草地，边缘稍加整理或布置雕像、装饰围栏等

(图 3.95)；花卉花池是以栽种花卉植物为主，以展现花卉的色彩美、群体美或形成一定的图案或花纹（图 3.96)；综合花池是指综合了草皮和花卉的种植（图 3.97)。

图 3.93　单面观花境

图片来源：谷德设计网

图 3.94　双面观花境

图片来源：谷德设计网

图 3.95　草坪花池

图片来源：花瓣网

图 3.96　花卉花池——南京玄武湖情侣园

图片来源：作者拍摄

图 3.97　综合花池

图片来源：花瓣网

(6) 花台

花台是指将花卉栽植于高出地面 40～100 cm 之间的台座上，类似花坛而面积常较小，内部栽植花卉、灌木、小乔木等观赏植物，底部常借助其他物体的支撑脱离地面。根据其造型特点，可将花台分为规则式（图 3.98）和自然式（图 3.99）两类。花台常设置于庭院中央或两侧角隅，也有与建筑相连且设于墙基、窗下或门旁的，或与假山、座凳等相结合布置。

图 3.98　规则式花台

图片来源：花瓣网

图 3.99　自然式花台

图片来源：花瓣网

(7) 花钵

花钵是指专供灌木或草本花卉栽植使用的容器。花钵是花池和花台种植形式的延伸，可以制成各种形状，并灵活地布置于广场、入口、台阶旁等，也可以依靠座凳、景墙、水池等设置，并常与景观灯、挡车桩等公共设施相结合进行一体化设计（图 3.100）。花钵多由花岗岩、大理石、陶瓷、玻璃钢、砂岩等制成，造型多种多样，以圆形最为多见，也有方形等几何形，或者一些特殊的造型，如花车、花箱、花桶、吊盆等。依设置方式分为直接落地和立柱支撑两种，立柱支撑者总体高度一般在 1.3 m 以内。

图 3.100　花钵

图片来源：左图—景观中国，右图—搜狐网

(8) 树池

树池既是乔木种植的容器，也是乔木的保护设施，为种植在铺装地面上的树木保留了一块没有铺装的土地，同时也成为园林景观小品中极富观赏性和实用性的一种绿化小品。树池的平面形状多为圆形或方形，有时也有长方形、不规则形式（图 3.101）；依据树池的布局形式，可分为单独布置、行列式布置、自由式布置等类型。在树池的处理方式上有软质处理、硬质处理和软硬结合处理。软质处理是采用草皮或低矮地被植物种植在树池内，以此来覆盖树池表面（图 3.102）；硬质处理是采用铁艺的硬质材料加工或是玻璃钢格栅、环保橡胶、弹石铺砌等材料铺设于树池表面（图 3.103）；软硬结合处理是同时采用硬质材料和植物材料对树池表面进行覆盖，通常考虑休息的需要还结合座凳进行设计（图 3.104）。

图 3.101　圆形树池
图片来源：hhlloo

图 3.102　软质树池
图片来源：花瓣网

图 3.103　硬质树池
图片来源：秀设计

图 3.104　软硬结合树池
图片来源：花瓣网

2. 绿化小品设计要点

(1) 科学地选择植物材料

在进行绿化设计时，应科学地选择植物材料，根据不同的环境因子，选择合适的植物材料。

绿篱根据不同的功能需求可选择高绿篱、中篱、矮篱；根据不同的观赏需求可选择花篱、果篱、刺篱、彩叶篱、常绿篱；根据不同的环境因子，比如当绿篱设置在立交桥下时，应选用耐阴的植物材料，如八角金盘、洒金东瀛珊瑚（图 3.105）等；设置在公路的隔音隔离带时，应选用对污染气体、烟尘等有较强吸附能力的绿篱植物，如大叶黄杨、海桐等。

(a) 八角金盘

(b) 洒金东瀛珊瑚

图 3.105　耐阴的绿篱

图片来源：花瓣网

绿雕一般选用一二年生或多年生的草本花卉，以枝叶细小而密集、耐修剪、观叶观花植物为主，枝叶粗大的材料不易形成精美的图案，影响绿雕的景观效果。同时，对绿篱植物的选择要求生长较慢的多年生植物，以增强景观效果的稳定性，如金边过路黄、矮麦冬（图 3.106）等；选择花色丰富、株型细腻的材料，如红草、芙蓉菊、金叶景天（图 3.107）等；选择抗性强、病害少、繁殖力强的植株。

花坛应选用植株低矮、生长整齐、花期集中、株丛紧密而花色艳丽（或观叶）的种类，一般还要求便于经常更换及移栽布置，故常选用一二年生花卉。花色上，同一花坛中避免使用同一色调下的不同颜色的花卉，以突出花色的对比性，相互映衬。模纹花坛宜选用低矮紧密、生长缓慢而株丛较小的花卉，如五色苋类、香雪球、三色堇、雏菊、半支莲、半边莲及矮翠菊等，或孔雀草、矮一串红、矮万寿菊、彩叶草、四季秋海棠等的扦插苗及播种小苗；根据采用花卉的不同，可表现宽仅 10～20 cm 的花纹图案，植株高度可控制在 7～20 cm，也可运用草坪或彩色石子等

(a) 金边过路黄　　(b) 矮麦冬

图 3.106　多年生植物

图片来源：花瓣网

(a) 红草　　(b) 芙蓉菊　　(c) 金叶景天

图 3.107　花色丰富的植物

图片来源：百度

镶嵌来配合布置。盛花花坛宜选用花色鲜明艳丽、花朵繁茂，在盛开时几乎看不到枝叶又能良好覆盖花坛土面的花卉，如三色堇、金盏菊、金鱼草、紫罗兰、福禄考、石竹类、百日菊、一串红、万寿菊、孔雀草、美女樱等（图 3.108）。

如选用水仙类、郁金香、风信子等早春花色艳丽的球根花卉，可在株间配植低矮而枝叶繁茂美观的二年生花卉，如三色堇、雏菊、勿忘草等，以避免球根花卉植株叶少而裸露土面，也可配置植株高过主要观赏的球根花卉而小花似雾状或繁星状罩于其上的种类，如满天星、高雪轮、蛇目菊、山桃草等（图 3.109）。花坛中心宜选用较高大而整齐的花材，如美人蕉、地肤、毛地黄、高金鱼草等；也可用树木，如苏铁、蒲葵、海枣、凤尾兰、云杉或修剪成球形的黄杨、龙柏等。花坛的边缘可用矮小的灌木绿篱或常绿草本作镶边栽植，如雀舌黄杨、紫叶小檗、葱兰、麦冬等。

（a）三色堇　（b）金盏菊

（c）金鱼草　（d）百日菊

图 3.108　盛花花坛植物

图片来源：花瓣网

（a）高雪轮　（b）山桃草

图 3.109　搭配球根花卉的植物

图片来源：花瓣网

花境应选择色彩丰富、形态优美、环境适应性强，且花期和观赏期较长，不需要经常更换的花卉。宿根及球根花卉能更好地发挥花境特色，并且维护比较省工，但由于布置后多年生长，这就要求设计师对各种花卉的生态习性必须切实了解，有丰富的感性认识，并予以合理安排，才能体现理想的观赏效果。花境常用花材有美人蕉、郁金香、萱草、月季、牡丹、鸢尾、石竹、玉簪、鼠尾草、大花飞燕草、荷兰菊等。为了维持长久的观赏效果，也会将常绿灌木和落叶型的花卉品种搭配使用。

花台的花材选择与花坛相似，由于面积较小，一个花台内通常只选用一种植物。因台面高于地面，花台常选用株形较矮、繁密匍匐或茎叶下垂于台壁的花卉；根据功能和景观需求，选择不同的植物材料，如设置于建筑物基部的花台，常栽植常绿灌木形成长久的绿色景观（图 3.110）。

设置于台阶、坡道两侧的花台可选择色彩艳丽、花繁叶茂的花卉，观叶植物或垂枝植物（图 3.111）。常用于花台的宿根花卉有玉簪、芍药、萱草、鸢尾、麦冬、沿阶草等，灌木如迎春、月季、杜鹃、凤尾竹等也常用于花台布置。

图 3.110　建筑物基部花台
图片来源：花瓣网

图 3.111　台阶、坡道花台
图片来源：知乎

（2）注重造型和尺度设计

① 绿篱

在景观设计中，绿篱通常适用于空间的分隔和形成空间，多用于街道、小径等道路的两侧和广场、草坪的边缘，或是用作花坛、花境、雕塑、喷泉及其他景观小品的背景，要求绿篱被修剪一定的高度，并多选择常绿深色调的植物。如将绿篱沿线配置，可强化场地的领域性、烘托水池的轮廓或强调衬托建筑及花坛等的边界（图 3.112）；而利用高绿篱的遮挡作用，可形成一道美丽的绿墙，使园林环境中一些不美观的物体或因素得以屏障（图 3.113）。绿篱也可以独立成景，通过修剪后构成一定图案和花纹，甚至围合出如迷宫般迂回曲折的道路，成为专门的景区（图 3.114）。

图 3.112　绿篱的作用

图片来源：作者绘制

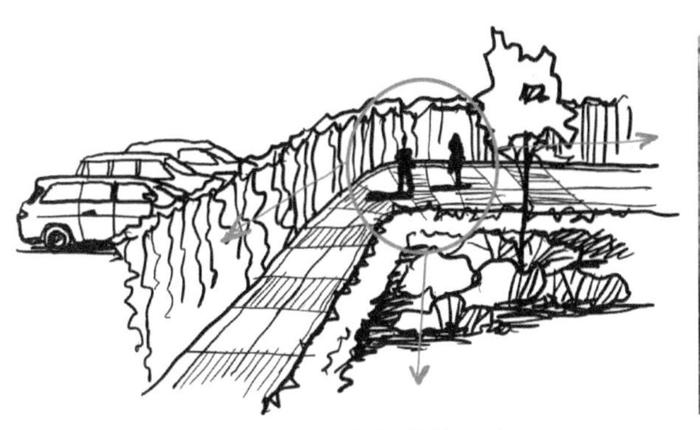

图 3.113　绿篱构成的绿墙

图片来源：作者绘制

图 3.114　沿道路设计的绿篱

图片来源：景观中国

② 花坛

在进行花坛设计时，应做到花坛的形状、大小及花材应用与环境特征相统一。花坛形状的选择，要尽量与空间环境的形状保持一致或相似性，如在圆形的区域内宜设置圆形花坛；在方形区域内，宜设置方形或菱形花坛。花坛的大小体量也应与设置花坛的广场、出入口及周边建筑的高低成比例，一般不应超过广场面积的 1/3，不小于 1/15。出入口设置花坛以既美观又不妨碍游人路线为原则，在高度上不可遮住出入口视线。根据人站立时的视线规律，当花坛距离人的站立位置 1.5～4.5 m 范围时，具有较好的观赏效果，可设计精美的花坛图案；当花坛距离人的站立位置超过 4.5 m 时，为强调花坛图案的观赏效果，可将花坛表面倾斜，倾斜角度保持在离水平地面 30°～60°（图 3.115），以保证观赏图案清晰、视觉效果良好，尤其对于一些文字类或时钟类的花坛。花坛内侧植物株高要略高于外侧，高度相差不宜太大，以实现由内到外的自然过渡，花坛图案可以是单一的几何形状，或几种几何形成的穿插组合，或对特定主题内容进行形象或抽象地表达，如文字类花坛、时钟类花坛、标志徽章造型花坛、动植物造型花坛、日晷花坛等。

图 3.115　倾斜处理的花坛
图片来源：东方网

③ 树池

在进行树池设计时，需根据所栽树种的规格和生长势来确定树池的尺寸。树池的尺寸应与人行道铺装统一设计，形成一定的比例模数关系。树池深度至少深于树根球以下 25 cm；城市行道树的树池不小于 0.8 m×0.8 m，一般为 1.5 m×1.5 m 左右，其他景观场所的树池宽度常为 0.8～2 m。树池可设计为池壁外缘高度与铺装地面高度相平，将周围铺装地面向树池方向做排水坡，或在树池内装格栅；也可设计为池壁外缘高出铺装地面，池壁高出地面不宜低于 15 cm，以防止游客误入踩实土壤而影响树木生长，也不宜超过 60 cm，过高易对行人造成压抑感。

(3) 重视绿植施工技术

在进行绿化小品设计时，应注意与管线、构筑物的间距，见表 3.1。

表 3.1　绿化小品设计间距控制

管线设施名称	最小水平净距/m		管线设施名称	最小水平净距/m	
	至乔木中心	至灌木中心		至乔木中心	至灌木中心
给水管	1.5	1.5	热力管	1.5	1.5
污水管、雨水管、探井	1.5	1.5	地上杆柱（中心）	2.0	2.0
煤气管、探井	1.2	1.2	消防龙头	1.5	1.2
电力电缆、电信电缆	1.0	1.0	道路侧石边缘	0.5	0.5
电信管道	1.5	1.0	低于 2 m 的围墙	1.0	0.8

在工程技术上，既要注重植物生长所必需的最低限度土层厚度，同时要注意种植土的组成，见表3.2。掌握各种不同植物对土壤、水分、养分的要求是种植成活的关键。种植前应注意调整土壤的构成，达到保水、排水的目的。种植后应立即进行养护管理工作。

表3.2 植物生长所必需的最低限度土层厚度

类别	植物生存的最小厚度/cm	植物培育的最小厚度/cm
草本花卉	15	30
小灌木	30	45
大灌木	45	60
浅根性乔木	60	90
深根性乔木	90	150

此外，不同的绿化小品在施工设计上又各具特色。如绿雕的设计上应考虑绿雕的固定方式和植物材料的覆盖与应用，需按照设计图的形象、规格作出相应的钢材构架，在构架上填充、固定培养土，一般用蒲包或麻袋、棕皮、无纺布、遮阳网、钢丝网等将培养土包固定在底膜上，然后再用细铅线按一定间隔编成方格将其固定。绿雕上植物栽植时可采用插入式栽植，将蒲包戳一个小洞，然后将小苗插入，注意苗根要舒展，用土填严压实；也可采用绑扎式栽植，将已孕蕾的花苗脱盆，去掉多余的盆土后用棕片或无纺布将根包好，放入骨架绑扎牢固。

（二）水景

“智者乐水，仁者乐山；智者动，仁者静。”水者，地之血气，如筋脉之流通也。水是生命之源，与人类的生活息息相关。在景观设计中，人们经常千方百计以“水”为题材来做文章。如果自然环境中的水源可资利用，则景观中的水体就可和自然环境的水体融为一体；如无自然水体利用，则需人工理水，或开凿水池，或引水入庭，或水中筑石，或设立喷泉等，因水利导，因地制宜，不断更新设计手法，创造出以水为主体或以水为中心的景观空间。

水体可分为静态和动态两种形态。静态的水给人心理上宁静和舒坦之感，见图3.116。动态的水以其动势和声响创造出热闹和引人入胜的环境气氛，见图3.117。此外，水景中常见的理水形式有水池、喷泉、瀑布、跌水等。

1. 水池

水池是水景设计中常用的组景方法，根据规模的大小，一般可分为点式、面式和线式三种形式。

(1) 点式水池

点式水池是指较小规模的水池或水面。它在整个环境中起点景作用，往往会成为景观空间中的视觉焦点，丰富、活跃环境气氛。由于点式水池较小，布局相对较灵活，因此它既可单独设置，也可与花坛、平台等设施组合设置，见图 3.118。

(2) 面式水池

面式水池是指规模较大，在整个环境中能起控制作用的水池或水面。面式水池常成为景观空间中的视觉主体。根据所处环境的性质、空间形态、规模，面式水池的形式可灵活多变，既可单独设置，形状采用规则几何形或不规则形，也可多个组合在一起，组成更加复杂的平面形式，或叠成立体水池，见图 3.119。

图 3.116 静态水景

图片来源：景观中国

图 3.117　动态水景

图片来源：大作网

图 3.118　点式水池

图片来源：景观中国

图 3.119　面式水池

图片来源：景观中国

面式水池在环境景观中应用较为广泛，常与其他小品设施如汀步、桥、廊、舫、亭、榭等结合，让人能更好地置身于水景中，加之水面绿化、水中养鱼等设计手法，形成更具观赏性的水面景观。

(3) 线式水池

线式水池是指细长的水面，具一定的方向感，并有划分空间的作用。线式水池一般都较浅，人们可涉足水中尽情玩乐，直接感受水的凉爽、清澈和纯净。线式水池一般采用流水，可连接喷泉及点式、面式水池，形成富有情趣的景观整体，也可结合石块、桥、绿化小品、雕塑及各种休闲设施等，创造丰富生动的环境空间，见图 3.120。

图 3.120　线式水池——杭州凤起潮鸣社区景观

图片来源：土木在线

2. 喷泉

喷泉广泛应用于广场、公园、街道、庭院等景观空间中，以其独特的动态形象成为视觉中心，烘托、调节环境气氛，满足人们视觉上的审美需求，见图 3.121。

图 3.121　广场上的喷泉

图片来源：谷德设计网

在现代城市环境中，喷泉主要以人工喷泉的形式出现。用动力泵驱动水源，根据喷射的速度、方向、水花等，创造不同的喷泉形态。喷泉的水形一般与喷嘴的构造、喷射方向和水压有关，常见的有雾状、扇形、菌形、柱状、弧线形、钟形等形式，见图 3.122。

喷泉还常结合灯光照明进行设计，以进一步提高观赏效果，形成更好的艺术气氛。而用计算机控制的音乐喷泉，更是将形、色、音融于一体，形成了喷泉的新形式，见图 3.123。

(a) 菌形喷泉

(b) 柱状喷泉

(c) 雾状喷泉

图 3.122　喷泉

图片来源：(a)—花瓣网，(b)、(c)—mooool

(a) 菌形喷泉

(b) 柱状喷泉

图 3.123　灯光喷泉

图片来源：花瓣网

3. 瀑布

人工瀑布是人造的立体落水景观。由于水的流速、落差、落水组合方式、落坡的材质及设计形式的不同，瀑布可形成极为丰富的水景景观。日本《作庭记》一书中，将瀑布分为“向落、片落、传落、离落、棱落、丝落、重落、左右落、横落”等多种形式，不同的形式传达出不同的感受。而瀑布落水的声音也丰富了观赏者听觉上的感受，见图 3.124。

图 3.124　人工瀑布水景

图片来源：花瓣网

4. 跌水

跌水，本质上是瀑布的变异，较之瀑布景观而言，它是一种较小高差上的落水，也被称为叠水，是通过呈阶梯状的落差和地面凹凸变化来形成的叠层落水现象。常见的有垂直落水、层叠降落水、沿壁滑落等形式。水形的立面变化是其主要的表现形式，有线状、点状、帘状、片状、散落状，主要受落差高低、水流量以及出水口的形状等方面的影响，见图 3.125。

跌水最常用的就是借助地形的高差变化形成，根据场地地貌特征来决定跌水的形式、尺度、流向等。在平坦地形中营造跌水景观，可以借助台阶、景墙、挡土墙、景观台、水池等制造跌水效果。在层级水池的跌水设计中，通常应在每一层层级水池设置排空口，以便排空或清洗水池，保证跌水景观的可持续性。

(a) 现代跌水水景

(b) 自然跌水水景

图 3.125　跌水水景

图片来源：谷德设计网

四、环境小品类

(一) 标识

标识是环境景观中信息设施的重要组成部分，可迅速、准确地为人们提供各种环境信息，以提高环境的舒适性和便利性。标识主要包括道路标识、交通标识、引导方向的指示牌、场所位置的导向标识（图 3.126、图 3.127）等，常采用文字、绘图、记号、图示等形式予以表达。文字标识规范、准确；绘图、记号直接、易于理解；图示常由平面图、照片加以简单文字构成，如方位导游图，引导人们认识陌生环境，明确所在方向。

图 3.126　道路标识

图片来源：景观中国

图 3.127　场所位置的导向标识

图片来源：景观中国

1. 标识的类型

依据标识的尺度和体量，可将标识分为小型尺度的标识、中型尺度的标识和大型尺度的标识。

(1) 小型尺度的标识

小型尺度的标识一般指建筑物上的门牌、楼层指示、出入口显示、流线导向一类的标识。一般以平面形式为主，也可以做成立体造型，造型简洁明了，图形文字醒目，是景观环境中不可或缺的功能性小品，见图 3.128。

(a) 南京玄武湖

(b) 南京颐和路

图 3.128　小型尺度的标识——南京街景

图片来源：作者拍摄

(2) 中型尺度的标识

中型尺度的标识是标识中数量最多的一类，尺寸为 100～250 cm。按照标识的传达功能划分为商业标识与宣传标识。表达形式可以是平面形式，也可以是立体形式，造型丰富多彩，可结合声、光、电、色等来取得更为丰富的视觉效果，见图 3.129。

图 3.129　中型尺度的标识

图片来源：hhlloo

(3) 大型尺度的标识

大型尺度的标识常设置在建筑表面或周围，尺度一般在 5 m 以上，内容多为商业广告或公益广告宣传等。大型尺度的标识以其巨大的尺度和体量，给人以强烈的视觉冲击力，且常与光电设置相结合，不同时段展现不同形象，对渲染、烘托整个环境氛围起到重要作用，见图 3.130。

图 3.130　大型尺度的标识——南京 1912 街区

图片来源：作者拍摄

此外，依据不同的使用功能，标识也进一步细分为：定位类、信息类、导向类、识别类、管制类、装饰类，具体见表 3.3。

表 3.3　标识的类型及特征

类型	特征
定位类	这一类标识系统能够帮助使用者确定自己在环境中所处的位置。它们包括地图、建筑参考点以及地标等
信息类	这一类标识牌能够提供详细的信息，在环境中随处可见，例如展览的开放时间以及即将举行的各种活动表等。在许多场合，如果它们易于理解且摆放位置得当，将大大减少使用者的疑惑以及对工作人员的询问
导向类	导向类标识牌引导人前往目的地。它是人们明确行动路线的工具
识别类	这种标识牌是一种很重要的判断工具，它帮助行人确定目的地或识别一个特殊的地点。它可以标明一件艺术品，一座建筑物，一个建筑群或一种环境
管制类	这类标识牌标示了有关部门的法令规范，告诉行人可以干什么，不可以干什么。它们的存在是为了保护公众，让他们远离危险。这类标识牌都有强制遵循的意义
装饰类	装饰类的标识牌美化了一个环境或是其中的某些元素，使它们更富吸引力

2. 标识的设计要点

标识设置应按照《城市道路交通设施设计规范》（GB 50688—2011）、《公共信息图形符号》（GB/T 10001.1—2012）、《公共信息导向系统 导向要素的设计原则与要求》（GB/T 20501.1—2013）等规范执行。在设置时应注意其合理性，应在对整个环境调查分析的基础上确定其位置，并应与周围环境相互协调，在造型、色彩、材料等方面注意其相互间的关系。

标识设置不得阻碍行人通行，当人行道宽度小于 1.0 m 时，不得设置立杆式户外广告设施、宣传阅报栏。对于新建和改建的道路，路名牌、旅游区标志牌应尽可能与大型杆件类交通管理设施进行合杆设置。路名牌应根据周边环境，结合道路结构、交通状况、周边绿化及设施等，设置在行人、车辆里的人最易看见的位置。设置在人行道上时，应距离停止线 2.0～4.0 m，距离人行道路缘石外侧 0.3 m 处，与行车方向平行。导向牌可设置在道路交叉口、商业步行街、历史文化街区、旅游风景区、公园绿地等区域，以及设有行政办公、商业金融、文化娱乐、体育、医疗卫生等城市公共设施的区域。内容可包括公共服务设施指示牌（包括车站、公厕、地铁指示牌）、地图导向或者智能化信息设备等。导向牌若设置在人行道内，应设置在人行道设施带内，距路缘石外侧 0.3 m 处，允许误差为±0.1 m。

标识的设置增加了人们与原有环境的对话和交流，而合理化、艺术化、多样化的标识往往成为环境中的点睛之笔。标识的造型设计应简洁、明确，色彩要鲜明、醒目，使人一目了然，以创造简明易懂的视觉效果，充分发挥标识的信息传播媒介的作用。

(二) 照明

照明灯具是环境景观中的重要小品设施，白天的灯具造型丰富了景观空间，夜晚的灯光更是美化环境景观的重要手段。

1. 照明灯具的类型

环境景观中的灯具主要包括高杆路灯、塔灯、园景灯、草坪灯、水池灯、地灯、霓虹灯、串灯、射灯等。

(1) 高杆路灯

高杆路灯主要用于城市干道、停车场等地段。灯具设计主要以功能为主，灯具高度一般为 4～12 m，设置间距为 10～50 m，通常采用强光源，光线大部分比较均匀地投射在道路中央，以利于机动车辆的通行，见图 3.131。

图 3.131 高杆路灯

图片来源：左图—搜狐，右图—景观中国

(2) 塔灯

塔灯一般设置于城市交通枢纽处，也有用于站前广场、大型停车场、露天体育场、立交桥等地。灯具高度通常为 20～40 m，多采用强光源，光照醒目，辐射面大，在环境景观中有较强的标志作用，见图 3.132。

(3) 园景灯

园景灯一般设置在庭园小径边，灯具高度常为 1～4 m，造型风格分现代和古典两类，与树木、建筑相映成趣，见图 3.133。

(4) 草坪灯

草坪灯一般设置在草坪边界处，灯具高度常为 0.3～1.0 m，灯光柔和，外形小巧玲珑，充满自然意境，见图 3.134。

(5) 水池灯

水池灯有良好的密封性，常采用卤钨灯作光源。水池灯点亮时，灯光经过水的折射和反射产生绚丽的光景，成为环境景观中的一个亮点，见图 3.135。

(6) 地灯

地灯是埋设于公园、广场、街道地面等上的路灯，含而不露，为游人引路并创造出朦胧的环境氛围，见图 3.136。

图 3.132　灯塔——南京南站北广场

图片来源：作者拍摄

图 3.133　园景灯——南京南站北广场

图片来源：作者拍摄

图 3.134　草坪灯

图片来源：景观中国、花瓣网

图 3.135　水池灯

图片来源：花瓣网

图 3.136　地灯

图片来源：百度

(7) 霓虹灯

霓虹灯是一种辉光放电灯，灯管细而长，根据设计需要，霓虹灯可弯成各种图案和文字。色彩丰富、造型多变的霓虹灯被广泛应用于广告、指示照明以及艺术造型照明中，见图 3.137、图 3.138。

图 3.137　长江大桥南堡公园玻璃栈桥

图片来源：作者拍摄

图 3.138　霓虹灯光——南京银杏里艺术街区

图片来源：作者拍摄

2. 照明灯具的设计要点

照明灯具基本要求应按照《城市道路照明设计标准》(CJJ 45—2015)、《城市夜景照明设计规范》(JGJ/T 163—2008) 等规范执行。

路灯杆体应与区域内其他景观小品设施进行系统设计，杆体色彩、造型和风格应与其他设施和周边环境风貌整体协调统一。景观要求较高或照明要求较高路段，路灯可增加灯杆照明设计。在机非隔离绿化带或中央隔离绿化带中安装时，应居中设置，与其他大型交通导向牌的中心对齐。在人行道上安装时，距离路缘石 0.3±0.1 m。

高杆、半高杆照明灯设置时应根据场所的特点，选择具有合适功率和配光的泛光灯或截光型灯具，且在满足照明功能要求的前提下与周边环境协调。

商业步行街、人行道路、人行地道、人行天桥以及有必要单独设灯的机动车交通道路两侧的机动车道和人行道，在满足照明标准值的前提下，宜采用与道路环境协调的功能性和装饰性相结合的步道灯。步道灯与路灯交叉设置，以交叉路口距离停止线 3.0～10.0 m 为起终点。

景观灯适用于广场、居住区、公共绿地等景观场所，包括庭院灯、草坪灯、投射灯、小品灯等等。它不仅自身具有较高的观赏性，还强调艺术灯的景观与区域历史文化和周边环境的协调统一。使用时应注意不要过多过杂，以免喧宾夺主，使景观显得杂乱浮华。

总之，不同空间、不同场地的照明灯具形式与布局要求各不相同，灯具设计应在满足照明需要的前提下，对其体量、高度、形式、灯光色彩等进行统一设计，以烘托不同的环境氛围。同时，所有灯具的设计都需同时考虑白昼和夜间的效果。灯具在白昼时应以别致的造型和序列的美感呈现在环境景观中，夜晚时以其丰富多变的灯光色彩创造出绚烂的夜景。

（三）座椅

在景观环境中，人们的休闲方式主要是娱乐、交谈、等候、观赏等，因此座椅成为环境中最重要的“小品”，为人们的休闲活动提供了方便。

座椅的材料很广泛，可采用木料、石料、混凝土、金属材料等。座椅还常常结合桌、树池、花坛、水池等设计成组合体，构成休息空间。

座椅的设计应考虑人在室外环境中休息时的心理习惯和活动规律，结合所在环境的特点和人的使用要求，决定其设置位置、座椅数量、造型等。其外形及色彩搭配应当与周边的环境相协调、相依托。设计风格应融入城市或周边环境的文化特色元素，应给整体环境带来生机和内涵。

供人长时间休憩的座椅应注意设置的私密性，以单座型椅凳或高背分隔型座椅为主（图 3.139、图 3.140）；而人流量较多，供人短暂休息的座椅，则应考虑其利用率，座椅大小一般以满足 1～3 人为宜（图 3.141）。此外，景观环境中的树池、台阶、叠石、矮墙、栏杆、花坛等也可设计成兼有座椅功能的小品设施（图 3.142～图 3.144)。道路系统中，人行道宽度在 5 m 以下的不宜设置座椅。

图 3.139　单座型椅凳

图片来源：景观中国

图 3.140　高背型椅凳

图片来源：景观中国

图 3.141　可供人短暂休息的景观座椅

图片来源：花瓣网

图 3.142　树池式景观椅凳

图片来源：景观中国

图 3.143　花坛式景观椅凳

图片来源：景观中国

图 3.144　台阶式景观椅凳

图片来源：景观中国

(四) 垃圾箱

造型各异的垃圾箱既是不可缺少的卫生设施，又是环境景观空间的点缀。垃圾箱的设计不仅要使用方便，同时要构思巧妙、造型独特。

垃圾箱的放置形式主要有固定型、移动型、依托型等。在空间特性明确的场所，比如街道，可设置固定型垃圾箱；在人流变化大、空间利用较多的场所，比如广场、公园、商业街等，可设置移动型垃圾箱；依托型垃圾箱常固定于墙壁、栏杆之上，适宜在人流量较多、空间狭小的场所使用。

图 3.145　垃圾箱

图片来源：ArchiExpo

垃圾箱的造型可以细分为：直竖式、柱头式、托架式，详见表 3.4。

表 3.4　垃圾箱类型及特征

类型		特征
直竖式		为普通使用的垃圾箱，有圆筒形、角筒形等。圆筒形可适应各种不同场合，由于没有方向性，故设置地点较自由。角筒形具有方向性，设置于壁面、柱及通道转角为宜。直竖形的垃圾箱不易积水，但底部易损坏，为此一般设计形状应力求简单、轻便，便于移动
柱头式		即为柱状，上部为垃圾箱本体。这类垃圾箱设置于街道、公园及不铺装地面或不种植绿化的场所。由于下部支撑处接触土壤，外形轻巧，有大、中、小容量之分。一般以外壳与内体相结合，便于清除垃圾。小容量垃圾箱内悬挂塑料袋或下部设抽地装置及容器旋转倾倒装置
托架式	旋转式	除污方便、设置场所随意。由于地面只有一个支点，清除垃圾简便，但支架结构应注意坚固性
	抽底式	由于投放口较大，使用方便，但底面易损坏
	启门式	一般设置活动盖，但清除污物较困难。一般内置悬挂塑料袋，便于更换
	套连式	造型完整、简练，内筒可采用便于清洗的塑料内筒及纸袋、塑料袋等，便于更换使用
	悬挂式	设置于依托物上，位置受到一定限制，但不占地面空间，易清洁卫生，不易受撞击

此外，垃圾箱应有明显标识并易于识别。分类垃圾箱的分类标志颜色和字体应符合《城市生活垃圾分类标志》（GB/T 19095—2019）的规定。垃圾箱的设计应以人为本，符合适用、简洁、文明、经济、方便、安全的原则，颜色应与周围景观环

境及景观小品整体风格相协调，并应能防雨、抗老化。垃圾箱的材质应按照可循环利用、防雨、抗老化、防腐、阻燃的要求选材，提倡使用可再生材料。垃圾箱高度不应超过 1.3 m，投放口大小应以方便行人投放弃物为宜，可在顶部或侧面，宜为敞口，距地面 80～110 cm。

在道路景观中，交叉路口距离切点 15 m 外或距人行横道外边线 2～6 m 处开始布设，位置应距离人行道路缘石外侧 0.3 m，与其他景观小品间距不小于 0.6 m；商业、文化、金融、服务业街道等人流密度大的地区布设间隔宜不小于 50 m，主要交通道路布设间隔宜不小于 100 m，其他道路布设间隔宜不小于 150 m，可根据地块出入口适当调整；每个公共交通站点应布设 1 个垃圾箱，与公交设施的间距宜为 2～6 m。

五、服务设施类

在环境景观中，服务设施类小品不可或缺，其在美化环境的同时，也为人们的生活提供了便利。常见的服务设施类小品有候车亭、自行车棚、电话亭、售货亭、饮水设施等。它们分布面广，数量众多，占地小，体量小，且具有造型别致、色彩鲜艳、易于识别的特征。

(一) 候车亭

候车亭是环境景观中交通系统的节点设施，为人们候车时提供防雨避风的空间，提供舒适的环境。候车亭应设有站牌、遮篷、行驶路线表、照明设施及广告等，并宜设置座椅、靠架等。各类设施应坚固、耐用，且安全、实用、通透、美观、简洁、节能，具有标识性。各类设施材料一般采用不锈钢、铝材、玻璃、有机玻璃等耐候性、耐腐性好且易于清洁的材料。

候车亭依据其造型可细分为：单柱标牌式、敞开箱式（图 3.146）、箱式（图 3.147），详见表 3.5。

候车亭的设计要求造型简洁大方，富有现代感，同时应注意其夜间的景观效果，并做到与周围环境融为一体（图 3.148、图 3.149）。候车亭应根据不同空间条件采用不同形式和尺寸，应采用模块化结构设计。在人行道上设置公交候车亭的，应保证至少 1.5 m 的通行带。候车亭中的站牌宜设置在站台下游段，距路缘石外缘的水平距离不应小于 0.4 m。牌面与车道平行的站牌，牌面距路缘石的距离应大于 0.6 m。

表 3.5　候车亭类型及特征

类型	特征	示意图
单柱标牌式	单柱标牌式候车站只设立一根高 2 m 左右，直径 8～10 cm 的金属杆，上面套有公交路线牌。这种形式主要用于人流量较小、周围空间有限以及新建区等配套设施待完善的地方，作为临时性的站点或起到为其他主要站点分担人流的作用	
敞开箱式	敞开箱式站点是城市中最普遍的一种形式，其空间构成简单、实用，占地面积相对较少且造型丰富，常与灯箱广告搭配设置，是现代城市重要景观元素之一	
箱式	箱式站点主要设于人流大量汇聚的地方，如火车站附近、步行街附近等。它通常需要设立公交调度站、报刊亭、小卖部以及供人休息的附属设施。这种站点体积较大，其顶部可设立大型的霓虹灯广告	

图 3.146　敞开箱式候车亭

图片来源：花瓣网

图 3.147　箱式候车亭——杭州余杭区智慧公交站台

图片来源：百度

图 3.148　候车亭 1

图片来源：知乎

图 3.149　候车亭 2

图片来源：大作网

（二）非机动车存车架

非机动车存车架应设计人性化、美观轻巧、结构独特新颖、取放车辆简单安全。样式、颜色应与周边环境相协调（图 3.150）。同时应与道路、交通组织和市容管理要求相适应，宜与交通护栏相结合设计。在宽度 3 m 以下的人行道中不应设置非机动车存车架，确需设置的应保证至少 1.5 m 的通行带。

公共自行车服务设施样式、颜色应与周边环境相协调，且与所在道路的景观小品整体风格色彩统一（图 3.151）。公共自行车设施服务站点的布局、设点应符合城市公共自行车服务点布局要求。

图 3.150　非机动车存车架

图片来源：谷德设计网

图 3.151　公共自行车服务设施

图片来源：谷德设计网

(三) 电话亭

电话亭作为常见固定通信设施，以其千姿百态的造型丰富了环境景观空间。电话亭依其外形可分为封闭式、遮体式。封闭式电话亭一般高 2～2.4 m，长为 0.8～1.4 m，宽为 0.8～1.4 m，材料常采用铝、钢框架嵌钢化玻璃、有机玻璃等透明材料，有良好的气候适应性和隔音效果；遮体式电话亭一般高 2 m 左右，深 0.5～0.9 m，材料常采用钢、金属板及有机玻璃，外形小巧、使用便捷，但遮蔽顶棚小，隔音防护较差。

电话亭一般可在商业型街道、生活服务型街道和景观休闲型街道中设置。设计风格及色彩搭配应当与周边的环境相协调。应遵循以人为本，符合适用、安全的原则（见图 3.152）。电话亭的长宽应尽量小于 1.2 m，应距人行道路缘石外侧 0.3 m 布设；电话与开门应垂直于路缘布设，应考虑使用者对私密性的要求，与外界要有一定间隔或象征性的间隔；电话亭前不宜出现过多遮挡物，其造型应简洁明了、通透小巧。

图 3.152　现代电话亭

图片来源：左图—100architects，右图—大作网

(四) 服务亭点

服务亭点是指分布在环境景观空间中的小品类服务性建筑，具有体积小、分布面广、数量众多、服务单一的特点。常见的服务亭点有售货亭、售票亭、书报亭、快餐点、花亭等。它们的造型小巧，色彩活泼鲜明，是环境景观中的重要小品设施，见图 3.153。

服务亭点的设计应结合人流活动路线，以便于人们识别、寻找，同时其造型要新颖，富有时代感，能清晰反映服务内容。

图 3.153　服务亭点

图片来源：左图—景观中国，右图—花瓣网

(五) 饮水设施

饮水设施的边角应设计得光滑圆润，使其安装在公共场所更安全。高度需考虑使用对象及年龄层次，要考虑方便残疾人、老人、儿童等使用，出水口则应为适合不同的需求而采用不同的高度。饮水处地面铺装应使用防滑、防腐、防霉、无辐射、易于清洗的材料，地面应有一定的疏水坡度，见图 3.154。

图 3.154 饮水设施

图片来源：谷德设计网、花瓣网

六、无障碍设施

无障碍设计旨在运用现代科学技术手段，为广大老年人、残疾人、妇女、儿童等社会弱势群体，提供一个行动方便、安全的活动空间，创造一个平等的、全民共同参与的社会环境。随着无障碍设计惠及每个人理念的普及，无障碍设施设计已经成为为全社会所有人服务的一项设计。

(一) 无障碍景观设计标准

无障碍景观设计的标准来自老年人、残疾人、行动不便的人群心理和生理需要，应该视不同的社会条件和对象给予合理的照顾。关键的问题是规划设计人员的无障碍意识以及实施过程中的细部构造处理。无障碍设施是为方便身体、行为有障碍的人使用的无障碍环境设施，无障碍设计意味着向用户提供一种可能，使其能不受约束地持续使用空间。在考虑无障碍设施设计时，应了解不同的残障类型有不同的特点和要求，主要有以下几个方面的内容。

1. 行动障碍者

针对独立乘坐轮椅者，门、走道、坡道尺寸及行动的空间，均以轮椅通行要求为准则，见图 3.155。上楼应有适当的升降设备，按轮椅乘坐者的需要设计残疾人专用卫生间设备及有关设施；地面平整，尽可能不选用长绒地毯和有较大裂缝的设施；可通行的路线和可使用的设施应有明显标志，见图 3.156。

图 3.155　无障碍景观通道

图片来源：搜狐网

图 3.156　无障碍标识

图片来源：微博

针对拄拐杖者，地面应平坦、坚固、不滑、不积水、无缝及无大孔洞；尽可能避免使用旋转门及弹簧门；台阶、坡道、楼梯应平缓，设有适宜的双向扶手，见图 3.157。

图 3.157　无障碍坡道

图片来源：搜狐网

公用卫生间设备应安装安全抓杆，见图 3.158（a）；利用电梯解决垂直交通，见图 3.158（b）；各项设施的安装要考虑残疾人的行动特点和安全需要；通行空间要满足拄双拐者所需的宽度。

（a）无障碍卫生间

（b）无障碍电梯

图 3.158 无障碍设施

图片来源：百度

针对上肢残疾者，设施选择应有利于减缓操作节奏，采用肘式开关、长柄扶手、大号按键等，以简化操作。

针对偏瘫患者，景观通道需安装扶手并联贯始终，抓杆设在肢体优势一侧或双向设置（图 3.159、图 3.160），地面应平整不滑。

图 3.159 抓杆设置

图片来源：百度

图 3.160 扶手设置

图片来源：Simplified Safety

2. 视觉、听觉障碍者

针对盲人，行动路线应简化，布局应平直；人的行动空间内应避免无意外变动及突出物；强化听觉、嗅觉和触觉信息环境，以利引导（如扶手、盲文标志、音响信号等，图 3.161）；立体空间竖向设计中，柱子及墙壁上尽量不设突出物，地面不出现高差变化，如下沉或升起、抬高，对于空中垂吊物及其旁侧突出的设置，都要在设计中慎重考虑；在很窄空间中，不宜过多设置设施，以防止出现搞乱方向影响行动；为避免空间冲突，将出口和不同性质的空间分开设置，并进行立体导向设计。

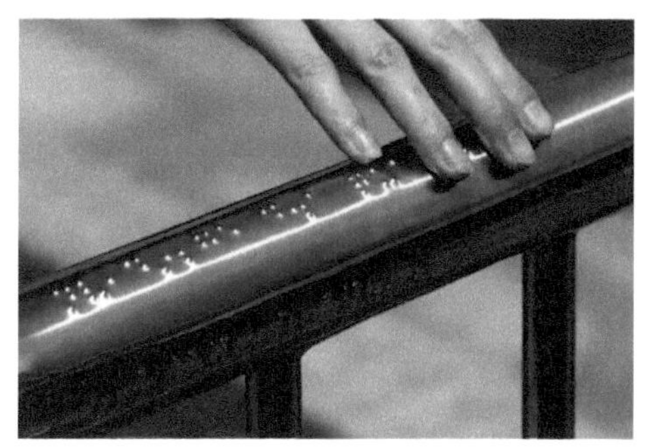

图 3.161　带盲文凸起的扶手

图片来源：花瓣网

针对低视力或弱视者，一方面加大标志图形，加强光照，有效利用色彩反差，强化视觉信息；另一方面充分考虑对视觉障碍者其他知觉方面的利用，如针对触觉方面设置扶手（图 3.162）、盲道（图 3.163），针对声音、温度及气味变化方面的设计，如音乐声、鸟叫声、人的说话声及饭店、食品的香味或花的香味等；考虑辅助行为的辅助范围，如果使用拐杖，要考虑在拐杖接触的范围内，设置有效的导向系统。

图 3.162　扶手设置

图片来源：景观中国

图 3.163　盲道设置

图片来源：筑龙学社

针对听觉障碍者，强化视觉、嗅觉和触觉信息环境；采用相应的助听设施，增强他们对环境的感知能力。

3. 老人和幼儿

老年人随着年龄的增长，身心机能减退，出现综合性障碍，尤其是不适应长时间行走者，也被包含在残疾人之列，如需使用拐杖、助听器等，同时又有不愿意向他人多打听、总需要反复确认的特征，所以每个路口需要设置导向标识，因不容易听到声音的引导，应用大声或醒目的文字告知他们为好；老年人腿脚不好，容易摔跤，使用拐杖时体重集中在拐杖端，容易滑倒，由于行走时利用拐杖的特点，占据的空间较大，设计中都要予以考虑。

幼儿对成年人使用的产品难以适应，有时也被包含于障碍之中。幼儿对不常用的字或者语言不易看懂，宜用有色彩或容易辨别的图形来做标识；有婴儿推车时，需要防滑和保持一定宽度的空间，因为轮椅、婴儿车拐弯时需要一定的宽度（图 3.164、图 3.165）。

图 3.164　轮椅、婴儿车坡道
图片来源：花瓣网

图 3.165　轮椅、婴儿车坡道标识
图片来源：veer 图库

（二）无障碍设施设计要点

无障碍设施设计应严格按照《无障碍设计规范》（GB 50763—2012）等规范执行。具体设计要点如下：

1. 标识设置中的无障碍设计

园林中各类标示牌主要包括导游图、主要游览线路指引牌、指示牌、景点介绍牌、无障碍标识牌及警示牌等。视觉障碍者获取信息主要通过盲文标识牌，不懂盲文的人则需要通过声音获取信息。

无障碍标识牌和图形一般采用的规格为 100 mm×100 mm 至 400 mm×400 mm，根据观看的距离而定。

园中任何一处无障碍设施处都应悬挂无障碍标识牌，是为了让使用者一目了然，告知乘轮椅者、拄拐杖者及其他各类行动不便者使用，同时也告知无关人员不得随意占用。

人流集散较为密集处的导游图、标识牌等应有相应的盲文介绍，盲文介绍牌位置前应有提示盲道，有条件的园林绿地中，应设置触摸式发声地图和景点介绍。各类盲文标识牌高 1 000～1 500 mm，以方便视觉障碍者触摸。标识牌上的字体应较大，字体颜色与底色对比要强烈，以方便近视者或者弱视者观看。视觉障碍者游览区中的各类设施、植物前，都应有完善齐全的盲文标识牌。园林中的背景音响音应清晰、柔和，园中电子信息屏旁边有声音提示装置，背景音量适中，不至于妨碍游人之间的交流，但也应保证人们能够不费力地获取信息。有条件的话，可配备智能系统发声耳机，以供视觉障碍者使用，根据其所处的地段有相应的语音提示和解说等。

2. 人行步道中的无障碍设计

人行道出入口应设置缘石坡道，人行道的宽度不得小于 2 m。宽度要求：通常轮椅宽度为 65 cm 左右，一台轮椅通过时所需宽度为 120 cm，以 135 cm 最好（轮椅使用者与步行者错身而过所需宽度）。若两台轮椅错开通行，则至少需要 165 cm，达到 180 cm 最好。附属设施：对于视觉障碍者，应在交通十字路口装置信号机、震动人行横道表示机、点块型方向引导路识、点块型人行横道等设施。此外，附属设施的设计，如邮电箱、电话亭、小卖、路灯等不要侵占街道空间，而且最好靠一侧设计。人行道与行车道宜分离，以保证不同速度和要求使用者互不干扰。人行横道：设计时不宜设高差，道路太宽应设安全岛。路边石：人行横道与车行道交叉，路边石宜低置，高差控制在 2 cm 以下。下水篦子：应考虑轮椅，以防车轮卡在下水篦子空隙中，篦子空隙宽应在 2 cm 以下。路面铺装：尽量平坦，坡度要小。

园路。以残疾人需要为基准可以扩大，但是不可以缩小，路宽不小于 120 cm，无高差，纵断面坡度不小于 4%，若坡度很大时，每 50 m 设至少 150 cm 的水平面以供休息，同时应考虑路面防滑且没有凹凸，不宜设石子路，以利于轮椅通行，不致颠簸。

坡道与踏步。台阶不利于轮椅通行，可以考虑同时设台阶和坡道，且两旁设扶手或至少一面有扶手，见图 3.166。

坡道可设置成直线形、L 形或 U 形等，不应设计成圆形或弧形。在坡道两端的水平段和坡道转向处的水平段，应设有深度不小于 150 cm 的轮椅停留和轮椅缓冲地段。在坡道、台阶、楼梯走廊的两侧应设有扶手。坡道始末端大于 180 cm，最大纵向断面坡度小于 5%，必须设高差时，纵向断面坡度不大于 8%。当纵向断面坡度为 3.5%～4%时，边缘要有防护，以防轮椅的轮子掉下去而且至少设单面扶手，扶手安装的高度为 85～90 cm，为了达到安全和平稳，在扶手的两端要水平延伸 30～40 cm（图 3.167）。对借助拐杖等可以行走的台阶，踏步的宽大于 35 cm、小于

50 cm，踢步的高大于 10 cm、小于 16 cm，踢脚部分小于 3 cm，梯段宽度大于 90 cm，起始点宽度不小于 120 cm，水平休息台两侧设扶手，并注意照明设计。

图 3.166 坡道设置

图片来源：百度

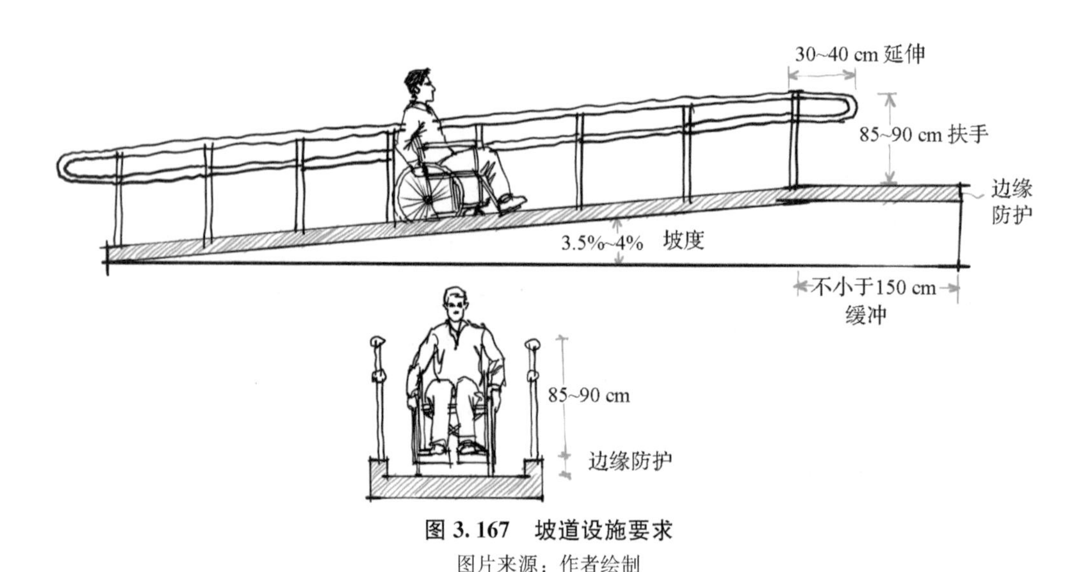

图 3.167 坡道设施要求

图片来源：作者绘制

扶手。扶手高度以大人 80 cm、幼儿 60 cm 为宜，可同时设置。为便于使用，应距离墙面（有墙面时）至少 3.5 cm，扶手半径以 3.5～4.8 cm 为好，扶手断面宜圆滑，以碰到上面不易受伤为好，如采用圆或弯曲状，见图 3.168。

同时为利于视觉障碍者使用，可在扶手处设置盲文说明，在扶手的起点和终点水平段处可以设有盲文铭牌，在方便盲人使用的楼梯扶手上面印有盲文导引，标明上楼梯的位置和重要信息，如开始上楼梯、处在楼梯中间、再踏一步就到平台等，引导盲人更加安全地上下楼梯，设计更为人性化。

盲道。根据使用功能，盲道分为行进盲道和提示盲道两种。行进盲道呈条状形，指引视觉障碍者向前行走（图 3.169）；提示盲道呈圆点状，告知视觉障碍者前方路线，盲道宽度宜为 300～600 mm（图 3.170）。

图 3.168　扶手

图片来源：谷德设计网

图 3.169　行进盲道

图片来源：作者拍摄

图 3.170　提示盲道

图片来源：百度

园林中行进盲道设置应符合下列规定：

(1) 行进盲道触感条面宽一般为 25 mm，底宽为 35 m，距地面高 5 mm，相邻触感条中心距为 62～75 mm。

(2) 设置行进盲道的园路人行道外侧有围墙、花台或绿化带时，盲道宜设置在距围墙、花台、绿化带 250～500 mm 处，园路人行道内侧有树池时，行进盲道可设置在距离树池 250～500 mm 处，没有树池时，行进盲道与路缘石上沿在同一水平面时，行进盲道距离路缘石不应小于 500 mm，行进盲道比路缘石上沿低时，距离路缘石不应小于 250 mm。

（3）园路成弧线路段时，行进盲道宜与园路走向一致。

园林中提示盲道设置应符合下列规定：

（1）提示盲道触感圆点表面直径一般为 25 mm，底面直径为 35 mm，圆点距地面高度为 5 mm，相邻圆点中心距为 50 mm。

（2）在行进盲道起点、终点和转弯处（图 3.171）应设置提示盲道，其长度应大于行进盲道的宽度；园林中盲道的设计应连续，避开树木（穴）、电线杆、拉线等障碍物，同时也应避开井盖铺设，盲道的颜色宜与相邻的人行道铺面的颜色形成对比，并与周围景观相协调；为防止磨损，可采用新型的不锈钢盲道砖，且不易生锈。

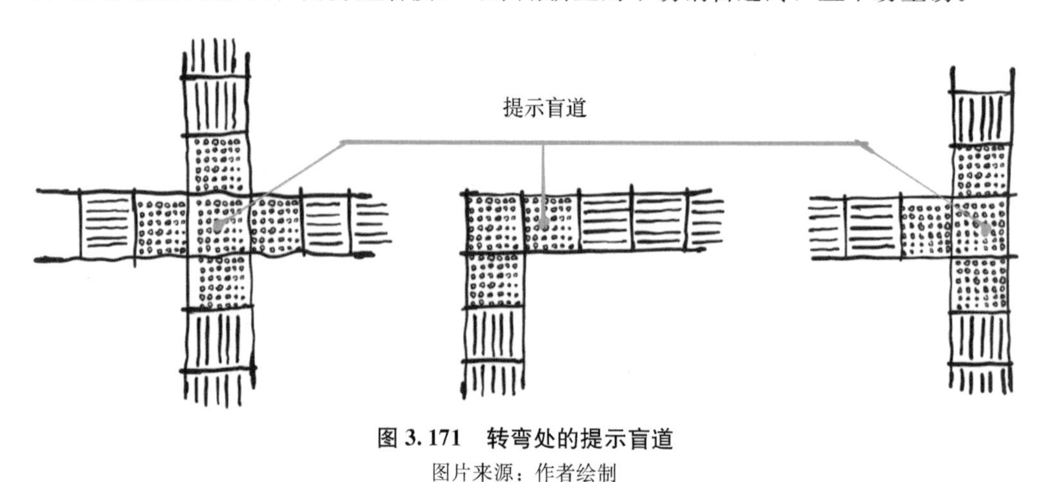

图 3.171　转弯处的提示盲道

图片来源：作者绘制

七、游乐设施

游乐设施类景观小品深受人们喜爱，包括儿童游乐设施、公共健身设施等。儿童游乐设施一般布置在小学、幼儿园、居住区绿地中，游戏设施包括游戏场和器械，游戏器械包括秋千、木马、滑梯、跷跷板等。公共健身设施是儿童、少年和成年人能共同参与使用的娱乐和游艺性设施，一般分布在公园绿地中，包括迷宫建筑、各类运动器械等。

（一）儿童游乐设施

游乐设施的设置因儿童的年龄不同而有所差异，能在有限的空间内更多地满足儿童需求，其色彩鲜艳、造型丰富，已成为景区儿童活动空间中景观小品设计的重点。其他游乐设施应采用活泼的造型、鲜明的色彩、舒适的质感，促进儿童、青少年和成年人身心健康发展。游乐设施应符合人体工程学并具有奇妙的想象力，激发孩子们去玩耍、探索与积极运动的热情。

儿童游乐设施的注意事项要从儿童的角度去考虑，掌握新时代儿童的心理特征和认知水平，给予他们触觉、视觉、嗅觉等感官接触，能激发儿童自发地进行创造性游戏。游戏器械既要满足不同年龄段儿童活动的要求，也要避免其他年龄段儿童不当使用游戏器械而造成活动不安全。儿童游戏器械的设计与制作应与儿童的活动尺度相适应，随着儿童的生长发育，其行为和动作范围随身体形态的变化而随之扩大。不适宜的尺度会导致儿童无法控制器械而失去信心，见表 3.6 中儿童分龄游戏特征。

表 3.6　儿童分龄游戏特征分析

年龄	游戏范围	社交喜好	自立度
1～2 周岁	椅子、沙坑、草坪	独立玩耍、由成人带领玩耍	不能自立，必须有保护者陪伴
2～4 周岁	沙坑、广场、草坪、部分低龄活动器械	独自玩耍、与同龄人玩耍、由成人带领玩耍	集中游戏场地在保护者看护下可自立，分散游戏场地必须有保护者监护
4～6 周岁	沙坑、广场、草坪、低龄活动器械	与同龄人玩耍、由成人带领玩耍	集中游戏场地完全自立，分散游戏场地在保护者看护下可自立
6～8 周岁	以游戏器械为主要游戏范围	与同龄人玩耍	所有游戏场地内都具备一定自理能力
8～10 周岁	以游戏器械为主要游戏范围，有规则的群体游戏	与同龄人玩耍	完全自立

儿童平均身高可按公式“年龄×5＋75 cm”计算得出：1～3 周岁幼儿约 75～90 cm；4～6 周岁学龄前儿童约 95～105 cm；7～14 周岁学龄儿童约 110～145 cm。如方格形攀登架，格间间距以幼儿 45 cm、学龄前儿童 50～60 cm、管径 2 cm 为宜。学龄前儿童使用的单杠高度为 90～120 cm，如为学龄儿童使用，则高度宜为 120～180 cm。器械、设施的布局应考虑儿童的运动轨迹和运动特点，设法使他们能够在有限的范围内获得最大的活动空间。考虑游乐设施的造型、结构、材料对儿童的安全影响，可使用天然材料，给予儿童接触自然的机会，同时游乐设施要便于维护、修缮和管理。地面铺装宜采用质地柔软、施工简单、色彩丰富艳丽的材料，避免儿童从器械上坠落跌伤，还可以结合儿童心理加以图案点缀。进行游乐场选址和器械布置时，既要注意满足日照、通风、安全的要求，同时也应注意尽量降低儿童嬉戏

时产生的嘈杂声对周围环境的影响。考虑残疾儿童的需求，儿童外出时多有大人陪同，周边还需设置一定的休息设施，以供看护孩子们的父母、老人等使用。

1. 儿童游戏场

(1) 人造草坪与地面铺装

人造草坪是一种软质景观，不论作为功能区域还是装饰区域，人造草坪都是学校操场、游乐场、儿童公园等场地的最佳选择。它替代了非环保橡胶地板（旧轮胎颗粒当原材料的橡胶地板）。人造草坪从色彩上讲常年青绿，装饰效果生动活泼；从保养维护上讲，日常维护简单，无须过多养护，维护成本相对较低。人造草坪也是儿童喜爱的良好活动场地，也常与其他地面材质组合使用，见图 3.172、图 3.173。

图 3.172　人造草坪运用
图片来源：搜狐网

图 3.173　人造草坪与其他材质结合运用
图片来源：搜狐网

此外，各种新型硬质地面铺装材料也被使用，如塑胶地面、悬浮式拼装地板等。EPDM（三元乙丙橡胶）塑胶地面应该是现在户外儿童乐园最常用的材料；其防滑无声，摩擦系数高，弹性适中，还可以防止儿童跌落受伤，儿童在地上奔跑和跳跃也安全舒适；其色彩丰富，易于拼花，施工工艺简单，工期短，属于软质地面，支持个性化的设计。有较好的抗老化性能，能长期保持颜色鲜艳，寿命较长，也是定制类主题乐园不可缺少的一种地面材料，见图 3.174。悬浮式拼装地板是用于户外活动的地板材料，排水性能更好，悬浮结构设计，由生态、无毒、无味、防水和防潮的聚丙烯（PP）材料制成，不寄生细菌，生态环保，安装简单；地板具有抗紫外线辐射、抗氧化和抗寒的特性，还具有耐压、抗冲击、耐高低温和使用寿命长的优点；耐候性极高，并且不惧怕日晒、雨淋、潮湿以及寒冷和下雪的高温，并且在恶劣气候环境下也不变形或剥落；不受天气温度等限制，雨后场地也不会积水；铺面图案可结合儿童图案加以点缀，见图 3.175、图 3.176。

图 3.174　塑胶地面运用

图片来源：景观中国、芦苇景观公众号

图 3.175　悬浮式拼装地板运用

图片来源：搜狐网

图 3.176　悬浮式拼装地板

图片来源：搜狐网

(2) 沙坑

在儿童游戏中，沙戏是重要的一种建筑型游戏形式。儿童踏入沙中即有轻松愉快之感，儿童在沙地上可凭借自身想象开挖、堆砌。规模较小的公园通常设置一个可同时容纳 4～5 个孩子玩耍、面积约为 8 m^2 的沙坑即可。如在沙坑中安置玩具，则既要考虑儿童的运动轨迹，又要确保坑中有基本的活动空间。坑中应配置经过冲洗的精制细砂，标准沙坑深为 40～45 cm。可在沙坑四周竖砌 10～15 cm 的路缘石，以防止砂土流失或地面雨水灌入。路缘石一般由混凝土或人造水磨石制成。为了提高安全性，也可选用木制路缘石或橡胶路缘石。

沙坑选址宜在向阳处，使之可经常得到紫外线消毒，并应定期更换沙料。沙坑内应敷设暗沟排水，避免坑内积水。沙坑旁应提供庇荫条件，如花架、绿荫树，便于夏季庇荫消暑。大一点的沙坑可与其他游乐器械，如秋千、独木桥等相结合，见图 3.177。

图 3.177 儿童游戏沙坑

图片来源：景观中国、芦苇景观公众号

(3) 戏水池

与水亲近是儿童的天性，用地较大的儿童游戏场常设置戏水池。供儿童游玩的戏水池水深约 20 cm，也可局部逐渐加深以供较大年龄的儿童使用，但需做防护设施。水池的平面形式可丰富多样，与伞亭、雕塑、休息凳等其他设施结合。水的形态可与喷泉相结合设计，使水不断流动以减少污染。水池底应浅而易见，所用地面材料要做防滑处理。见图 3.178，树洞精灵乐园位于济南中海阅麓山示范区后场，设计灵感来源于童话中的树洞，其理念延续项目整体“森系”“山居”的自然基调，意在打造一处艺术、奇幻、富有童趣的儿童乐园，地标式的树洞、地景式的洞洞山与欢乐水溪共同构成了一幅有机的、奇幻的森林画卷，以吸引小朋友前来探索。

(4) 游戏墙与迷宫

游戏墙（图 3.179）与迷宫是可训练儿童辨别力的游戏设施，其造型丰富多样。迷宫是游戏墙的一种，儿童进入迷宫后，会因迷途而提高兴趣；可用绿篱植物等软质材料围合（图 3.180）。另外，利用混凝土的可塑性制作出各种迷宫形式的城堡、房屋、动物造型，设计出受儿童喜爱的迷宫形式（图 3.181）。

图 3.178　中海阅麓山示范区树洞精灵乐园

图片来源：花瓣网

图 3.179　游戏墙

图片来源：网易

图 3.180　朗诗万科 · 城市之光——社区迷宫

图片来源：网易

图 3.181　迷宫墙

图片来源：左图—搜狐网，右图—大作网

从总体安全考虑，游戏墙的标准高在 1.2 m 以下，可设置各种形状、厚度的游戏墙，在墙上设置不同形状、大小的孔洞，以供儿童钻爬、攀登。跨越用的墙体厚度为 15 cm，骑乘用的墙体厚度为 20～35 cm。墙上孔洞的大小要适中，否则无法对孩子产生吸引力。普通窥望孔的直径在 20 cm 以下。狭小的穿越方洞，边长约 40 cm；宽大的穿越方洞，边长为 60 cm 以上。在设计时应注意避免锐角出现而伤及儿童，墙体顶部应作削角处理，墙下或设置沙坑，或作柔性铺装。如果需要在墙体上面绘画涂鸦，应采用粘贴模板、上色绘制的方法，后期即使图案掉色也不会影响墙体。

2. 游戏器械

(1) 秋千

应考虑秋千（踏板）的摇摆幅度、飞荡幅度、运动轨迹等因素，在空间上注意与其他设施的合理关系，充分注意安全。通常在铁制秋千周围设置高约 0.6 m 的安全护栏，并留有充足的空间。一般铁制秋千架的设计规格为：2 座式秋千，宽约 2.6 m、长约 3.5 m、高约 2.5 m，安全护栏宽 6.0 m、长 5.5 m、高 0.6 m；四座式秋千，宽约 2.6 m、长约 6.7 m、高约 2.5 m，安全护栏宽 6.0 m、长 7.7 m、高 0.6 m；踏板距地面约 35～45 cm。

设计幼儿园安全型秋千，应注意避免幼儿钻入踏板下，一般安全的踏板下高度约为 25 cm。秋千的吊链、接头等配件，应选用断裂强度高的可锻性铸铁产品。秋千下及周围地面应采用沙土等柔性铺装，以防止儿童跌伤。由于秋千下地面呈凹地型，易积水，需设置雨水管排水或铺设橡胶网垫等防积水辅件，以确保孩子们能够在雨后马上使用，见图 3.182。

图 3.182 秋千

图片来源：左图—大作网，右图—搜狐网

(2) 滑梯

滑梯是一种结合攀登、下滑两种运动方式的游戏器械，见图 3.183。通过重力作用自高向低滑，可以上下起伏改变方向以增强儿童的游戏乐趣。滑梯的宽度为 40 cm 左右，两侧立缘为 18 cm 左右，滑梯末端承接板的高度应以儿童双脚完全着地为宜，且着地部分为软质地面或水池。下滑时可有单滑、双滑、多股滑道，可结合地形坡度设置滑梯并以直线形、曲线形、波浪形、螺旋形设计造型，也可结合大象鼻子、长颈鹿脖子等动物造型，创造丰富的景观效果。滑梯的材料宜选用平滑、环保、隔热的材质。在滑梯周围要设置防护设施，以免儿童摔下受伤。见图 3.184，柳州融创江南林语大象造型儿童滑梯结合了可爱的大象造型，设计了象鼻滑梯及探险索道，一场充满想象力的林中探险之旅就此拉开了。

图 3.183　儿童滑梯

图片来源：大作网

图 3.184　柳州融创江南林语大象造型儿童滑梯

图片来源：mooooL

(3) 跷跷板

跷跷板常用木材或金属作支架，支撑一块长方形木板的中心，两端可以一人或多人乘坐，应有扶手，也可以和其他器械结合，见图 3.185。普通双连式跷跷板的标准尺寸为：宽 1.8 m，长 3.6 m，中心轴高 45 cm。

跷跷板周围较为危险，应设置沙坑或其他柔性铺装，或者跷跷板下方可以放置废旧轮胎等设备作缓冲垫，见图 3.186。

图 3.185　跷跷板

图片来源：景观中国

图 3.186　跷跷板的缓冲方式

图片来源：veer 图库

(4) 攀登架

攀登架常用木材或钢管组接而成，儿童可以上下攀登，在架上进行各种动作，主要锻炼儿童的平衡能力（图 3.187）。

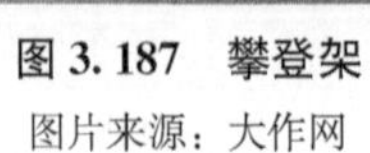

图 3.187　攀登架

图片来源：大作网

常用的攀登架每段高 0.5～0.6 m，由 4～5 段组成框架，总高约 2.5 m，可设计成梯子形、圆锥形或动物造型。方形攀登架的标准尺寸为：格架宽约为 0.5 m，攀登架整体长、宽、高相同，约为 2.5 m。架杆一般选用外径约为 27.2 cm 的煤气管或木材。从安全考虑，架下应设置沙坑或其他柔性铺装。

(5) 组合器械

把不同类型的游戏器械进行组合，可以节省设备材料，减少占地面积，见图 3.188。把智力、体力训练意图有机结合，设计出较复杂的整体器械，让儿童既能增强体力，掌握动作技巧，又可学到一定的知识。游戏器械组合在形式、材料、色彩上非常具有吸引力，常用材料有玻璃钢，高强度塑料等。红、黄、蓝、绿等明快色彩配置和积木式组合构成一个醒目的儿童化游戏设施形象。

图 3.188　游戏组合器械

图片来源：花瓣网

(6) 冒险游乐设施

这类游乐器械一般在公共性游园和主题公园用得较多，见图 3.189。主题建设往往有本地特色，如著名建筑的仿制品或者只是一个简单的冒险体验。例如：宫殿、城堡、太空飞船和海上怪物，以及在丛林中悬挂藤蔓。冒险游乐器械最突出的特点是惊险和刺激，可以满足儿童冒险的欲望，并使他们在玩耍中增长知识；同时是现代科技的展示场，以其特有的经典创意赋予人们激情和想象。

(二) 公共健身设施

公共健身设施是指在城市户外环境中安装固定的、人们通过娱乐的方式进行体育活动、对身体素质能起到一定的提高作用的器材和设施。随着全民健身运动的普及，健身器材在很多公共绿地、广场、公园、居住小区、屋顶平台等均有设置，为人们休闲、锻炼、运动提供了条件，成为市民喜闻乐见的一种锻炼健身形式，见图 3.190。

图 3.189　冒险游乐设施——书虫乐园｜美好问津公园壹号

图片来源：知乎

图 3.190　公共健身设施

图片来源：大作网

公共健身设施设置的注意事项有：健身器械一般体量较小，不需要大面积用地，且用地形状也比较灵活。其设置地点一定要结合社区的具体条件，考虑居民的锻炼要求，有针对性、有选择地进行配置，以满足不同人群的需要，丰富社区生活。健身器械可作为小型广场的主题集中布置，也可以布置在广场绿化周边，也可以沿景观路线作线性布置。

健身器械应选择在阳光充足、通风良好、绿化景观丰富的地方布置。健身器械的造型和色彩应该与整体环境结合起来考虑，同时还要考虑其休息、娱乐、导向、装饰等功能。

本章思考题

1. 景观设计中，如何控制雕塑的比例和尺度?
2. 简述廊的内外空间设计常用方法，并介绍常用的构筑材料。
3. 参照图 3.125 (a)，用自己的语言描述图中跌水水景与亭子之间的空间关系，思考跌水的设计依据。
4. 简述盲人使用的景观空间在设计中要注意哪些方面?
5. 试着用草图表现的方式设计一款可供儿童攀爬、穿越、玩耍的游戏墙，并标注游戏墙的总体高度和洞口的尺寸。

第四章

景观小品设计方法与流程

一、景观小品设计的思考方法

景观小品设计需要考虑科学、艺术、功能、审美等多元因素，同时景观小品的艺术表现已不是传统的二维或三维空间形态，而是综合时间艺术和空间艺术因素的整体表现形式。所以，景观小品的设计涉及多方面的因素，概括起来，主要有以下三种关系：

（一）整体与细部的关系

景观小品的设计一般应做到大处着眼、细处着手。在设计思考中，首先应对整个设计任务具有全面的构思和设想，树立明确的全局观，然后一步一步地由整体到细节逐步深入。在人体尺度、细部设计方面用比较的方法反复推敲，使局部融合于整体，达到整体与细部的完美统一。

（二）单体与全局的关系

这里的“单体”是指某一景观小品，“全局”是指景观小品所处的景观环境。单体与全局的关系在设计中需反复推敲，以至最后趋于和谐统一，避免造成整个环境的不协调、不统一。

（三）意与笔的关系

“意”指立意、构思、创意；“笔”指表达。景观小品设计中，立意、构思是极其关键的因素。立意和构思是整个设计的“灵魂”所在。一般而言，应做到“意”在“笔”先，只有有了明确的立意和构思，才能有针对性地进行设计。当然在有些情况下，也可以笔意同步，边动手边构思，同时在设计过程中使主题创意逐步明确、完善。

景观小品的设计是一个形象思维的过程，其中如何抓住思路很关键。但如果只有形象的想象还不够，还需通过优秀的表现方法把作品的构思方案表达出来，只有这样，才能让人们完整地了解作品的构思。所以，对设计者来说，熟练掌握并运用各种表达手段是十分重要的能力。

二、景观小品设计总则

景观设计师围绕着功能、尺度、风格、色彩、造型、材料、设置规则等要点进行统一的系统化设计，打造“安全适用、功能完善、尺度适宜、彰显特色、协调统一、科技导入、标准设计、规范设置”的景观小品系统。同时，景观小品的系统设计应尽量避免大拆大建，本着因地制宜、经济适用的设计方针进行改造、新建及增设。

（1）安全适用：各类景观小品的设计应以安全为首要，注重设计的适用性，同时不宜过度设计。

（2）功能完善：完善景观小品的功能，保障市民各种使用及活动的需求。

（3）尺度适宜：以人的使用为衡量标准，把控细节，尺度适宜，使用更舒适。

（4）彰显特色：从城市文化特色、地域特征、历史文脉的设计把握和研究入手，通过色彩、造型、元素的特色设计，使景观小品体现城市的形象特质与文化特色，能够凸显城市的独特魅力。

（5）协调统一：确保景观小品各类设施的风格、色彩、造型等协调统一，且与景观及建筑风貌相协调。

（6）科技导入：将智能化系统与管理等需求结合，赋予景观小品更多的功能性、实用性与信息化管理，使之更高效地为市民服务，使其社会服务系统更趋于完善。

（7）标准设计：应尽可能对成品及零部件进行标准化、模块化设计，利于施工安装和后期管养，并降低成本和提高效率。

（8）规范设置：合理布置、规范设置景观小品，保证景观小品的系统性与完整性。

三、景观小品设计要素

景观小品的设计核心是系统性，而系统设计的核心要素主要围绕风格、色彩、元素与符号、材料、造型、形式美展开。通过风格统一、文脉统一、元素统一、形态色彩语言统一等各方面系统性设计，打造体现地方特色的独有的景观小品系统。

（一）风格要素

景观小品的设计风格是对小品的外观形态、材质肌理、色彩装饰、空间形体等要素进行综合、分析与研究。并结合时代、社会、民族等历史条件的影响，使其能在整体上美观、直观地呈现城市具有的代表性面貌。

根据造型、装饰元素、文化背景、材质材料等设计要素，景观小品的基本风格主要可分为现代风格、古典风格、现代中式风格、西式风格、自然生态风格五种。城市或区域在制定风格定位时，应结合自身特点和需求，参考以下列举的各种风格特性及适用条件进行定位和设计，几种基本风格亦可交叠糅合。

1. 现代风格

现代风格也称功能主义，注重发挥结构构成本身的形式美，造型简约时尚，无过多装饰，推崇科学合理的构造工艺，重视发挥材料性能，对材料自身的质地和色彩的配置效果要求较高。因此，往往能达到以少胜多、以简胜繁的效果。

适用对象：现代风格的适用对象较为广泛，可以涵盖几乎所有类型的风貌区。多用于新城新区、商业经济区以及行政中心等城区（图 4.1）。

图 4.1　现代风格

图片来源：左图—景观中国，右图—谷德设计网

2. 古典风格

古典风格是指设计借鉴传统经典的建筑和艺术形态的风格，其色彩形态与传统元素一脉相承，材质可根据实际需要进行选择。

适用对象：多用于历史文化街区，体现当地文化底蕴与特色，见图 4.2。

3. 现代中式风格

现代中式风格是指将中国建筑、装饰元素等提炼融合到人的生活和审美习惯中的一种装饰风格，让古典元素更具有简练、大气、时尚等现代元素；从现代人的经济、生活需求出发，运用传统文化和艺术内涵对材料、结构、工艺进行再创造。

适用对象：具有历史文化传承的现代街区、商业区等。见图 4.3 西塘良壤酒店用江南建筑中常见的材料以院落和庭院的方式建筑当代空间，在空间中引入光，让空间具有时间和历史的维度，使得整个庭院景观设计既传统又现代。

图 4.2　乌镇古典风格街景

图片来源：百度

图 4.3　西塘良壤酒店庭院景观

图片来源：DINZ

见图 4.4，浙江宁波太平鸟时尚中心的景观中庭利用精妙的细节，创建出了一个温柔的“环波”，园中有山、有水、有树，反映人与自然的和谐关系。泉水叮咚的叠水景观、采用轻型材料制作的造型山体，让人们在室内也能享受到山水环绕的乐趣。

4. 西式风格

西式风格是以西方建筑或环境装饰元素为主题的风格；常见为华丽精美的造型设计、典雅或浓郁的色彩搭配，凸显艺术浪漫气息的环境氛围；材质以铸铁、镀锌钢、玻璃等材料为主；西式庭院基调华贵，喷泉、壁泉和水池几乎成为标配，反映了现代人对于“亲水而居”的渴望。

图 4.4　浙江宁波太平鸟时尚中心景观

图片来源：谷德设计网

适用对象：现代公园、商业区域、以欧式建筑风格为主的街区等，也可用于一般的城市或街区，见图 4.5“龙湖华宇 · 云峰原著”的景观设计，其结合法式浪漫的生活方式，打造一个像莫奈笔下花园一样的浪漫场景，同时，在语言的组织上结合现代的线条和手法，在古典的骨架上赋予它更轻盈的体量，像精灵般存在，游走在山脚下，洁白而美好。

图 4.5　龙湖华宇·云峰原著

图片来源：筑龙学社

5. 自然生态风格

自然生态风格的景观小品常运用天然的木、石、藤、竹等质朴的色彩和纹理材质，通过设计进行精彩的演绎，力求表现悠闲舒畅、自然的田园生活情趣。

适用对象：结合当地城市风貌风景特色，从景观小品等各方面营造朴实、自然、生态的意境，见图 4.6。多用于公园、自然风景区和以自然生态为特点的景点或邻近区域。

图 4.6　自然生态风格小品

图片来源：左图—作者拍摄，右图—谷德设计网

(二) 色彩要素

色彩是光投射到物体表面所产生的自然现象。人们不仅通过色彩传递、交流视觉信息，而且在社会生活实践当中逐步对色彩产生兴趣并产生对色彩的审美意识，同时产生一系列视觉心理。景观小品从城市角度入手，将色彩作为景观小品的一个部分进行思考与引导，以提高景观小品色彩在整体街道空间中的表现力与控制力。

1. 色彩的象征意义

景观小品中色彩同样明显地展现造型个性，反映环境的性格倾向。色彩鲜明的个性有冷暖、浓淡之分，对颜色的联想及其象征作用可给人不同的感受，暖色调热烈，让人兴奋，冷色调优雅、明快，明朗的色调使人轻松愉快，灰暗的色调让人沉稳宁静，详见表 4.1。景观小品色彩的处理得当，会让景观空间有很强的艺术表现力。

表 4.1　色彩的象征意义

色彩	象征意义	具体的联想
红	喜气、热情、兴奋、恐怖	火、血、太阳
橙	火热、跃动、温暖	橘、橙、秋叶
黄	光明、快乐、超脱	灯光、闪电
绿	青春、和平、安全、新鲜	大地、草原
蓝	宁静、理智、寂寞	天空、大海
紫	优雅、高贵、忧郁、神秘	葡萄、菖蒲
黑	庄重、严肃、悲哀	衣、炭
白	洁净、神圣、安静、雅逸	云、雪
灰	高雅、谦和、沉着	水泥、鼠

来源：朱晓明《历史　环境　生机》。

2. 景观小品色彩使用的基本原则

(1) 景观小品系统整体和单体一般选用 1 种色彩，相互之间统一协调，一般最多不超过 3 种色彩。

(2) 景观小品在单体中如需多种色彩，需有一个主体色进行控制，其他色彩为辅助色或点缀色。

(3) 色彩分布可按色彩面积比进行搭配。色彩面积比是将景观小品的色彩划分为基调色、点缀色和辅助色，并设定相应的位置和面积配比，见图 4.7。

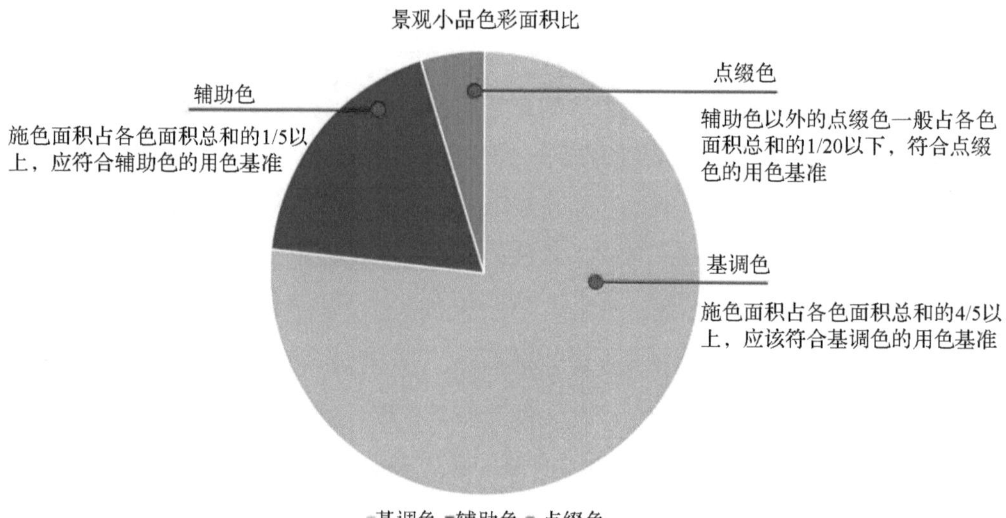

图 4.7　景观小品色彩设计面积比示意图

图片来源：作者绘制

3. 色彩选择建议

(1) 色彩应与景观小品的功能、所处的环境、表达的主题相结合，并符合人们的心理需求，以加强景观小品造型的表现力、统一效果，丰富空间形态的效果，完善视觉心理色彩的感受。

(2) 在环境美学中，黑色不易与环境调和，不宜选择纯黑色。可选用有色彩偏色的深灰色，可避免因景观小品给环境空间带来的沉重和僵硬感。

(3) 使用强调色。景观小品是城市环境安全性、秩序性的辅助性公共设施，某些景观小品或特殊部件，需引起人们注意，可用强调色。而基础色应避免使用高彩度的色彩，应以灰色系、低彩度色彩为主要基础色，易与所有空间环境要素形成统一，不突兀，令人感到和谐、舒适。

(4) 地域色彩。城市都有地域特色，景观小品色彩应与城市相融合。可通过对城市环境、地貌、历史照片分析研究得出地域特征色彩，将其作为景观小品色彩，见图 4.8。

(三) 元素与符号要素

景观小品的设计元素符号主要为对所在地域的文化特征进行提炼概括与符号的认识与运用，可以在造型装饰、色彩材料、形态结构等多方面进行体现。

1. 元素提炼

对历史文脉、民族文脉、地域文脉、时代文脉等诸多设计元素进行提炼，提炼

图 4.8　地域色彩的提取分析示意图

图片来源：作者拍摄、绘制

后的元素符号要能够准确地反映和概括其被提炼的文脉精神。将城市元素进行艺术设计与加工，转换成景观小品设计所需要的文化元素符号。文化元素符号在景观小品中的运用，让环境展现特有的城市文化气质。

2. 符号提取

(1) 自然元素符号

自然风貌是一个地区文化的重要组成部分，包括气象气候、地形地貌、动植物分布等。不同的自然环境形成不同地区的文化特色，不同的动植物也能成为其特有的文化特色符号。

如长三角一体化示范区环元荡滨水景观设计利用场地原生资源修复元荡生态，以“一环六湾”的景观规划结构，贯通沿湖 17.5 km 岸线，构建环湖廊道，提升滨水空间环境，打造出一条具有江南水乡特色的生态浅滩湿地带。见图 4.9，对于场地原有的水闸、茅草屋等陈旧设施，统一进行了修复改造，并且增加景观趣味，以生态的竹子设计原汁原味的江南文化风铃，每当微风拂过，自然清脆的风铃之声迎风飘荡，趣味横生。闲梦云台区域将布道系统和海绵城市理念深度结合，通过不同标高的净化系统形成阶梯式海绵净化系统，同时考虑不同姿态和不同花时的植物系统，营造出丰富的季相变化（图 4.10）。鱼形浅滩与自然湖石将湖面和陆地进行了生态过渡，形成了自然郊野的缓冲区，同时也为鸟类鱼类等生物提供了新的栖息地，形成了自然与人共生的自然生境系统（图 4.11）。

此外，设计采用了生态本土材料与“低介入”手法：基于“生态绿色”的总体设计理念，运用“低介入”的开发手段，充分尊重现场地形，保留良好大树，力求设计对原生生态的影响降至最低。同时采用生态本土材料，包括开挖碎石的再利用等，以低成本的投入达到预期的景观效果（见图 4.12）。

图 4.9　水闸、茅草屋修复改造

图片来源：豆丁建筑

图 4.10　阶梯式海绵净化系统

图片来源：豆丁建筑

图 4.11　望湖赏景

图片来源：豆丁建筑

图 4.12　碎石停车场

图片来源：豆丁建筑

（2）经济元素符号

经济与技术推动社会发展进程，不同地区的特征决定着各地区不同的经济发展方向，地域范围内的生产原料、发展规模都对这一地区的经济发展和方向起着一定的影响力。如经济实力较强的城市，设计元素可以简洁现代，体现城市的速度感。见图4.13巴黎塞纳河畔小行星雕塑，由艺术家Vincent Leroy设计制作，灵感来自远在天际的小行星，展示出一系列令人惊叹的行星变化过程。八个独立的雕塑形态各有不同，却又息息相关，形成一组动态转化的延续。

图4.13　巴黎塞纳河畔小行星雕塑

图片来源：景观中国

见图4.14的北京风之谷景观装置设计立意风之谷，意向于谷中翠竹错夹道、微风拂影攒动的意境美；设计空间与人的一种“沟通”方式，营造游客步行于两侧商建夹道中的环境，亦如穿梭于谷中竹林下。景观柱兼顾艺术感美观性与实际使用价值，以满足不同人群的使用需求；增加使用人群与场地空间之间的沟通交流，提升街区互动性及趣味性，能够吸引人群进入街区。在街区内，游客可选择直接走过或在林间穿行。同时，街道装置的设置能够将各色人群留下来主动参与互动，产生各种各样的使用方式。

图 4.14　北京风之谷景观柱

图片来源：景观中国

(3) 历史元素符号

城市文化的形成与发展都会经历岁月的磨砺，文化随着时间的变化而积累着。历史也是元素提炼的一个方面，是景观小品设计的重要元素来源。在有历史文化背景的区域，以适当的历史文化为设计元素，不仅可以使历史文化融入环境中，更可以体现传承。

见图 4.15，南京银杏里特色文化街区将南京的历史感与现代感融为“城市看点”——设计制作 13 个文学装置散落在街区内，营造互动式、情景式的浓厚文学氛

图 4.15　南京银杏里特色文化街区

图片来源：美篇

围，坚定地贯彻“将文化在可读、可看的基础上进行提升，打造一个可享、可触的开放式都市文化空间生态体”这一理念。来到这里，跟随不同的景观小品装置，孩子们流利地背出“江南佳丽地，金陵帝王州”“烟笼寒水月笼沙，夜泊秦淮近酒家”等脍炙人口的诗篇；家长也自觉地讲起了朱自清《背影》中曾发生在南京老浦口火车站月台上的经典故事；赏银杏大道风景的人在攀谈或独处中找到了当下快节奏生活中的自由天地。

(4) 社会元素

社会元素涵盖范围比较大也较为广泛，不同地区都会有各自的差异，例如习俗、民族、宗教、区域定位等；每一个都是其地区自身具备的社会性因素，每个因素本身也是一种文化。

如上海嘉定安亭老街改造景观基于延续“老街故事”和完善商业构架的设计目标与理念，从场所精神中找寻到适宜的语言和对话形式，对空间进行同时性、并置性的建构，以约 1200 年的银杏古树为设计元素创造了“银杏 IP”，形成文化属性和标识性，见图 4.16。

图 4.16　设计元素、色彩、材质提炼

图片来源：大作网

见图 4.17，侧招灯具的设计，以银杏图案为主题，圆形亚克力为面板；在店铺正立面，用多片银杏叶拼接成装饰面板，美化白色墙体。

见图 4.18，马头墙的山墙创造了“安亭老街”标牌。黑色亚光金属边框与以粗纹理布料为底面的黑色文字共同融入了山墙视觉中。

(四) 材料要素

材质是材料质感和肌理的传递表现，人们对于材质的知觉心理过程是较为直接的。赖特认为：“每一种材料都有自己的语言，每一种材料都有自己的故事。”设计

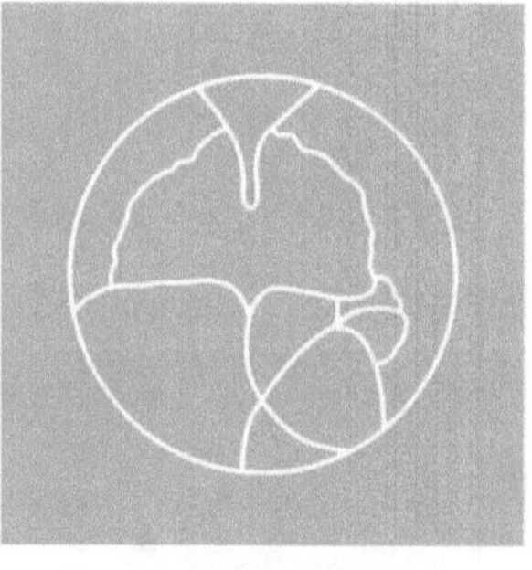

图 4.17　侧招灯具设计

图片来源：大作网

图 4.18　"安亭老街"标牌

图片来源：大作网

者往往将材料本身的特点与设计理念结合在一起来表达特有的主题，不同的质感、肌理带给人不同的心理感受。同样的材料由于不同的纹理、质感、色彩、施工工艺所产生的效果也不尽相同。

1. 材料自身的特征

(1) 砖、木、竹等材料可以表达自然、古朴、人情味的设计意向。

(2) 玻璃、钢、铝板可以表达景观小品的高科技感。

(3) 裸露的混凝土表面及未加修饰的钢结构颇具感染力，给人以粗犷、质朴的感受。

2. 材料的属性分类、性能及应用建议

材料是关系景观小品品质、质感以及景观小品产品耐久性、舒适度、美观性等的关键因素。现今景观小品的质地随着技术的提高，形式多种多样，极大地丰富了景观小品的语言和形式。当代城市景观小品设计经常使用的材料主要有木材、石材、金属、塑料、玻璃、涂料等（见图 4.19）。一方面，景观小品由于被置于室外空间，要求能经受风吹雨淋，严寒酷暑，以保持永久的艺术魅力，设计人员就必须了解材

料性能，使用坚固、生态环保、经久耐用、可再回收、价格适中的材料，避免因材料选用不当而造成损失浪费。另一方面，从审美角度上要依靠不同材料的应用来表现小品造型与景观美感，要通过不同材质的搭配使用，丰富景观小品的艺术表现力而各种材料的质感和特性都不一样，给人的视觉、触觉感受，以及联想感受和审美情趣也都有所区别，因此，使得现代景观小品从形式和内容上都有崭新的面貌。各种常见材料及性能、应用详见表 4.2。

(a) 七桥瓮湿地公园的木材应用

(b) 橡木构筑物

(c) 南京玄武湖公园石材应用 1

(d) 南京玄武湖公园石材应用 2

(e) 南京国际青年文化公园金属应用

(f) 南京宜家前广场上的金属应用

(g) 金属灯具

(h) 玻璃景观墙

图 4.19 当代城市景观小品常用材料运用

图片来源：(a)—作者拍摄，(b)—《识木：全球 220 种木材图鉴》，(c)、(d)、(e)、(f)—作者拍摄，(g)、(h)—大作网

表 4.2 各种常用材料性能及应用建议表

分类	常用材料	性能（优点、缺点）	应用建议
木材	天然木板 美耐板 (木纹) 塑合板材 藤 竹子	优点： (1) 木材种类繁多，有天然优美的花纹，相对于石材与金属来说，有较佳的弹性和韧性，耐振动冲击，易雕刻加工 (2) 木材的热容量较大，材料较为温暖和舒适，给人以温暖亲近的感觉，并且拥有良好的视觉和触觉效应 (3) 木材是城市景观环境中与其他景观要素融合最自然的材质，并且符合人的生理与心理需求 缺点：木材易遭自然侵袭和人为的破坏，诸如由于雨淋、日晒、虫蛀而变形开裂、腐朽、变色，不能作为小品主要结构的材料	(1) 由于质感轻不能承重，作为大体量小品的材料时，木材不要作为主要结构材料使用，应作为次要的辅助材料使用 (2) 由于木材易腐，木质材料应主要应用在体量小的小品中，这样易于修补与替换，如座椅、花钵等，并且要涂防腐漆及防虫油 (3) 为防水，木材在雕塑小品中使用时，要把木质雕塑小品放置在高出地面至少 10 cm 以上 (4) 木材质感亲切、自然，小环境中多采用木质小品

续表 4.2

分类	常用材料	性能（优点、缺点）	应用建议
石材	混凝土 大理石 花岗岩 青石 汉白玉 瓷砖 陶瓷	优点： (1) 品种众多，采料方便，色泽纹理丰富 (2) 材质坚实，给人以坚硬、凝重、沉稳之感 (3) 能够抵御大自然的风化，耐腐蚀性能强，能抗击各种外力，且能防水耐火 缺点： (1) 触感差，不适合作为座椅面材料使用 (2) 不能建造或雕刻过于细碎纤巧的小品造型	(1) 由于石材一般不宜雕琢得过于细碎纤巧，应舍弃不必要的空洞和枝节，注重整体的团块结构，尤其强调构成形式上的力度所引发的重心变化，以保持绝对稳定性 (2) 由于石材材料色彩一般较单一，最好与其他材料搭配使用，这样既能改善石材色彩单一的视觉效果，并且能减少对大自然的破坏
金属	铜器	优点： (1) 铜器具有细腻的质感，可以做出精致清晰的细节，能够完美地表现塑造痕迹，表面经过氧化、打磨等化学处理，可使不同部位产生不同的色泽和明暗效果，具有丰富优美的质感 (2) 可塑性大、加工容易、坚固不易碎 (3) 具有古朴深沉的色泽以及表面氧化的历史沧桑感。既可铸造出厚实的团块形体，又可浇铸出支离通透的结构 缺点： (1) 易氧化生锈，颜色单一 (2) 由于铜器的韧性不是很好，所以现代城市景观中的大尺度雕塑很少应用青铜材料	(1) 铜器因含其他金属的成分不同而有黄、红、青铜之别，由于铜的色彩纯度较低，应注意其与所在环境中的其他景观要素颜色的搭配，且宜放置于明亮的颜色中 (2) 铜器不宜制作大体量的雕塑，不然会对空间及人的心理造成压抑感，多用于与人等比尺度的雕塑中

续表 4.2

分类	常用材料	性能（优点、缺点）	应用建议
金属	不锈钢	优点： (1) 能反射周围景物和天空，极具金属感，具有装饰效果，现代感强 (2) 具有高强度和耐久的防蚀性，它不会产生腐蚀、点蚀、锈蚀或磨损 缺点： (1) 因切割、焊接、抛光等加工困难，成本高，不能批量生产 (2) 受工艺的限制不适宜制作过于复杂的形体，只适合制作比较简洁和单纯的造型	(1) 不锈钢由于呈银灰色，所以不宜放置在背景为灰色的建筑群中，应注意其与所在景观环境的色彩搭配 (2) 不太适宜于刻画细腻丰富的作品，造型上宜简洁、单纯，多以半抽象为主 (3) 不锈钢材质具有现代感，多与现代主题相协调
	铸铁	优点： (1) 铁是一种资源丰富、价格低廉的金属材料，比之铜更为坚实耐用 (2) 使其景观小品具有古典风格，且形式多样，造型优美 缺点： (1) 铁质地坚硬，易脆裂 (2) 较之铜更易氧化锈蚀，失去光泽而发黑，算不上理想的材料	铸铁是炼钢和铸造器物的原料，通过烧沸、浇铸到预制模具中，脱模形成造型。铸铁饰品典雅美观，常用于景观桥扶手和座椅中
塑料	有机帆布 PVC 材 尼龙 橡胶 ABS 板 有机玻璃 玻璃钢	优点： (1) 塑料是人造合成物的代表，由于不易破裂，加工又比较方便，已逐渐被广泛运用 (2) 塑料可以按照预先的设计，制作成各种造型，可以仿制多种材料效果，这是其他材料无法比拟的，是各种重金属及水泥等的替代产品 (3) 能制作动态幅度、空间跨度较大的雕塑造型，且比金属材料更适于挪动搬运和安装 缺点： (1) 不能在高温下长期使用，长期耐温性差，具有易变形、易静电等弱点 (2) 在紫外线、风沙雨雪、化学介质等作用下容易导致性能下降，产生老化现象	(1) 由于塑料材质工艺简单，可以一次成型，在造型较为复杂的小品中应多采用 (2) 由于塑料材质在紫外线、风沙雨雪、化学介质等作用下容易降低性能，产生老化现象，所以塑料材质小品不宜在具有炎热气候的地区使用 (3) 由于塑料具有特有的人情味和很强的时代性，所以塑料材质小品可以用来传达工业文化的信息

续表 4.2

分类	常用材料	性能（优点、缺点）	应用建议
玻璃	钢化玻璃 镜面玻璃 压花玻璃 彩色玻璃	优点： (1) 玻璃还具有硬度高、锐利、易清洁及易加工等特点，能营造出轻盈、明快的视觉效果 (2) 是一种比较现代的材质。晶莹剔透，明朗洁净，可塑性又很强，成为许多现代设计师很喜爱的有机高分子材料 缺点： 容易破碎，存在危险隐患，使用时需做特殊处理	玻璃具有一定透明性，对光有着较强的反射、折射性，这是玻璃有别于其他材质的根本之处。在具体设计中，利用这一特殊质感进行设计，可增加奇异的效果

(五) 造型要素

造型即景观小品的外在形态，是最直观的元素，包括点、线、面、体。这些形态造型要素既是景观小品造型语言中语汇和形态构成的基础，又是形象思维和新形态造型的依据。城市景观小品所能够产生的各种变化万千的造型和丰富多样的美感，都是利用形态造型要素的特征变化和组合形式呈现出来的。

1. 点形态

点可以表明或强调位置，形成视觉焦点。设计师可以通过改变点的颜色、点排列的方向和形式、大小及数量变化来产生不同的心理效应，形成活跃、轻巧等不同的表现效果，给人以不同的感受，见图 4.20。

图 4.20　点的形态表现

图片来源：大作网

2. 线形态

线按照大类来分有直线与曲线两种，如果细分还有水平线、垂直线、斜线、折线、自由曲线、几何曲线等。人的视觉会把线条的形式感与事物的性能结合起来而产生各种联想，如水平线有稳定、平静、呆板感；垂直线有生命力、力度、伸展感；斜线的运动感、方向感强；折线的方向变化丰富，易形成空间感、紧张感；自由曲线表现自由、潇洒、休闲、随意、优美；几何曲线的弹力、紧张度强，体现规则美，见图 4.21。

景观小品可以通过线的长短、粗细、形状、方向、疏密，肌理、线型组合的不同来塑造线的形象，表现景观小品的不同个性，反映不同的心理效应，如细线表现精致、挺拔、锐利；粗线表现壮实、敦厚。线的运用如果不当会造成视觉环境的紊乱，给人以矫揉造作之感。

3. 面形态

面的形式有平面与曲面两种。平面在景观环境中具有延展平和的特性；曲面显示出流动、热情、不安、自由。景观小品通过运用各种面的形态分类的个性特征，并通过形与形的组合，表现多样的情感与寓意。低垂的面会产生压抑感；高耸向上的面会形成崇高的气氛；倾斜的面会产生不安的感觉；强调形状和面积群化的面能够产生层次感，见图 4.22。

(a) 水平线　(b) 垂直线　(c) 规则折线

(d) 自由曲线　(e) 流动曲线　(f) 几何线

图 4.21　线的形态表现

图片来源：大作网

(a) 几何面

(b) 动感曲面

(c) 规则折线

图 4.22　面的形态表现

图片来源：大作网

4. 体形态

体随着景观小品角度的不同变化而表现出不同的形态，给人以不同的视觉感受。体能体现其重量感和力度感，因此它的方向性又赋予本身不同的表情，如庄重、严肃、厚重、实力等。另外，体还常与点、线、面组合而构成形体空间，如以细线为主，增加小部分的面表现，可以表达轻巧活泼的形式效果；以面为主，与粗线结合，表达浑厚、稳重的造型效应，见图 4.23。

点、线、面、体的基本要素及相互之间的关联，通过分离、接触、联合、叠加、覆盖、穿插、渐变、转换等组合变化，既使景观小品造型达到个性化的表现，也展现出丰富多彩的景观效果，让人们在审视中识别品味，见图 4.24。

点、线、面、体的基本要素在变化中演化成新的造型语言是新时代意识下的创意构思，无论是自然景致、构筑物还是景观小品都可以通过点、线、面、体和整体的统一造型设计创造出独特的艺术装饰效果。

(a) 正方体组合

(b) 抽象、具象体块组合

(c) 不规则体

图 4.23　体的形态表现

图片来源：大作网

图 4.24　点、线、面、体构成的景观小品具有独特的艺术效果

图片来源：大作网

(六) 形式美要素

1. 比例与尺度

比例是指一个整体中部分与部分之间、部分与整体之间的关系；比例是控制景观小品自身形态变化的基本手法之一；正确确定景观小品的比例，可以取得较好的视觉效果。

尺度是指事物的整体或局部给人感觉上的大小印象和真实大小之间的关系问题。形式美法之中的尺度是一种尺度感，是以相对恒定的人或物体的尺寸为基础，对事物产生的大小感觉。景观小品的尺度控制在其设计中是非常重要和关键的。比例和尺度作为衡量物体的标准，在景观小品的设计中是否合理运用它们会直接影响人们对小品的生理感受和心理感受，见图 4.25。

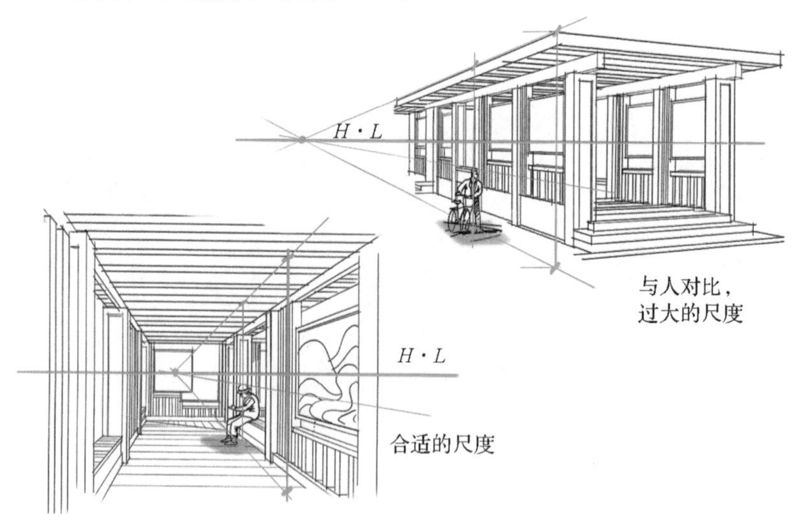

图 4.25　比例、尺度分析比较图示

图片来源：作者绘制

2. 主从与重点

主从与重点法则是视觉特性在景观小品中的反映。简言之，主从是小品各部分的从属关系，缺乏联系的部分不存在主从关系，在设计中应善于安排各个部分以达到一定的效果；重点是指视线停留中心。

(1) 主与从

人们的感受由于视野、视角等关系而产生了对事物观察的主从关系，这是达到统一与变化的必要手段。主从关系主要体现在位置的主次，体型及形象上的差异。在处理主从关系时，应以呼应取得联系，以衬托显出差异，如采用对称的构图形式，则主要表现为一主两从或多从的结构，见图 4.26。

图 4.26 一主两从的景观小品案例

图片来源：作者绘制

(2) 重点与一般

重点是相对于一般而言的，没有一般就没有重点。由于视线停留在主要内容上，其视线集中就形成了重点，所以重点不但在部位上是主要部分，而且在处理上也应细致地刻画。

3. 对称与均衡

黑格尔曾写道："要有平衡对称，就须有大小、地位、形状、颜色、音调之类定性方面的差异，而这些差异还要以一致的方式结合起来。只有这种把彼此不一致的定性结合为一致的形式，才能产生平衡对称。"在城市景观设计中景观小品造型上为了达到均衡，需要对体量、色彩、质感等进行适当的处理。其中，以构图、空间体量、色彩搭配、材质等组合是相对稳定的静态平衡关系，以光影、风、温度、天气随时间变化而变化，体现出一种动态的均衡关系。

（1）对称

对称指造型空间的中心点两边或四周的形态具有相等的公约量而形成的安定现象。对称能给人以庄重、严谨、条理、大方、完美的感觉，有些对称是安定而静态的，见图 4.27；有些对称则是在安定中蕴涵着动感，见图 4.28。对称在景观小品设计中最为常见，是形式美的传统技法。但有时过于严谨的对称会给人一种笨拙和死板的感觉，因此在设计中应该灵活地运用对称形式。

图 4.27　静态对称的景观小品设计

图片来源：作者绘制

图 4.28　均衡构图的小品设计

图片来源：作者绘制

(2) 均衡

均衡实际上是一种对比对称，是指支点两边在形式上相异而量感上等同的布局形式，见图 4.29，是自然界物体遵循力学原则而存在的现象。均衡强化了事物的整体统一和稳定性，均衡变化多样，常给人一种轻松、自由、活泼的感觉，在休闲场景的景观小品设计中应用广泛。

图 4.29 动态对称的景观小品设计

图片来源：作者绘制

4. 对比与协调

在景观小品造型设计中常采用对比与协调的手法来丰富景观小品所在环境的视觉效果，可以增加景观小品的变化趣味，避免单调、呆板，达到丰富的效果。

(1) 对比

① 大小对比：在景观小品造型设计中常采用若干小体量来衬托较大的体量，以突出主体，强调重要部分，见图 4.30。

② 方向对比：指形体所表现的事物的朝向，又指小品造型结构的走向（如垂直走向、水平走向、倾斜走向）等，上下、左右、前后、横竖、正斜等方向对比可以使得小品造型整体产生一种运动感或者动态均衡感，见图 4.31。

③ 材料质地、肌理对比：指材料本身的纹理、色彩、光泽、表面粗细的对比。

④ 色彩对比：一般地说，色彩色相、明度、饱和度以及冷暖色性等都可以成为对比的元素，但色彩对比的主要表现是补色对比以及原色对比，见图 4.32。

⑤ 表现手法对比：方圆、粗细、高低等，材料的软硬、刚柔等，见图 4.33。

⑥ 虚实对比：是围绕着作品的功用和主题展开的，虚实结合，见图 4.34。

图 4.30　景观小品设计的大小对比
图片来源：作者绘制

图 4.31　景观小品设计的方向对比
图片来源：作者绘制

图 4.32　景观小品设计的色彩对比
图片来源：作者绘制

图 4.33　景观小品设计的表现手法对比
图片来源：作者绘制

图 4.34　景观小品设计的虚实对比
图片来源：作者绘制

(2) 协调

协调在设计中运用广泛，易于被接受。但在某种环境下一定的对比可以取得更好的视觉效果，实际上也是一种协调。在设计时，要遵循“整体协调、局部对比”的原则，即景观设计的整体布局要协调统一，各个局部要形成一定的过渡和对比。

5. 节奏与韵律

节奏与韵律又合称为节奏感，它是美学法则的重要内容之一。在景观小品的形态设计中，运用节奏和韵律的处理方式，可以使静态的空间产生律动的效果，既能对形体建立起一定的秩序作用，又能打破沉闷的气氛而创造生动、活跃的环境氛围。

(1) 节奏

节奏表现为有规律的重复，如高低、长短、大小、强弱、明暗、浓淡等，见图 4.35。

(2) 韵律

韵律是在节奏的基础上发展的，是一种有规律的重复，如高低变化表现为高高低低等形式，所以韵律给人的感觉更加生动、多变，也更富有感情色彩，见图 4.36。

节奏和韵律的关系：节奏是韵律的单纯化，韵律则是节奏的深化和发展。根据归纳总结，景观小品韵律美的构成体现为以下几种表现形式。

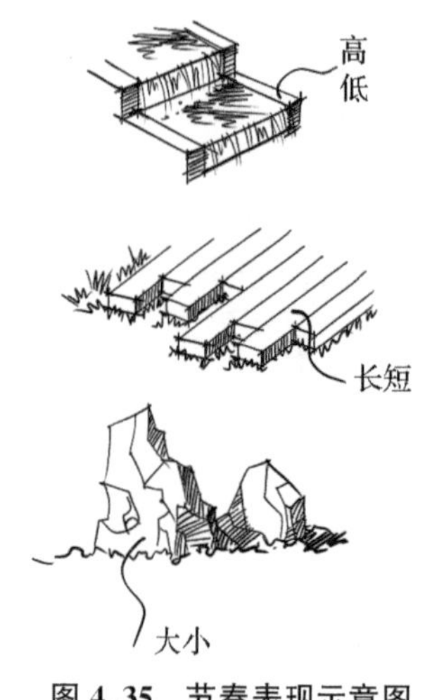

图 4.35　节奏表现示意图

图片来源：作者绘制

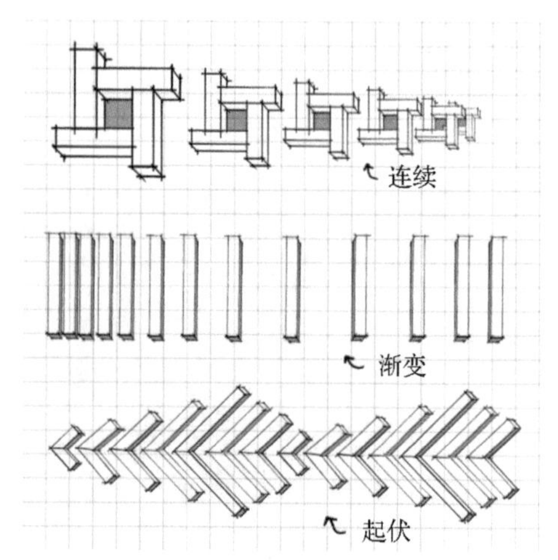

图 4.36　韵律表现示意图

图片来源：作者绘制

① 连续的韵律：以一种或几种要素连续、重复地排列而形成，各要素之间保持着恒定的距离和关系，可以无止境地连绵延长。

② 渐变的韵律：连续的要素在某一方面按照一定的秩序而变化，例如逐渐加长或缩短、变宽或变窄、变密或变稀等。

③ 起伏的韵律：渐变的韵律如果按照一定规律时而增加、时而减小，犹如浪波之起伏，或具有不规则的节奏感，即为起伏。

四、景观小品设计流程

景观小品设计过程的多向量化，使得景观小品设计过程呈现出设计要素多层次穿插交织的特点。从方案到施工，从平面到空间，景观小品的设计过程中要解决许多矛盾。先考虑什么，后考虑什么，必须要有个程序。因此，遵循科学的设计程序是景观小品设计取得成功的一个重要保证。

景观小品设计可分为设计前期、方案设计、技术设计、施工图设计和设计实施这五个阶段。

（一）设计前期

在景观小品设计前期，首先要了解并掌握各种有关景观小品设计的外部条件和客观情况，包括自然环境和人文环境，应对现场进行调查，查阅相关资料，参观调研相关实例。明确该设计工程的性质、规模、资金投入、使用特点、环境氛围、表现形式和作品特色等。

(二)方案设计

在设计前期的工作成果的基础上，进一步收集、分析、研究设计要求和相关资料，并进入设计过程的关键性阶段，完成设计构思基本的雏形。在这个阶段中应对景观小品的布局、空间和交通关系，景观小品的表现形式和艺术效果等方面进行综合考虑，反复推敲，进行多方案比较，最后完成方案设计。

方案设计阶段，设计者提供的设计文件一般包括：设计说明、平面图、立面图、剖面图、彩色效果图等。

(三)技术设计

景观小品的技术设计是初步方案设计的具体化阶段，也是各种技术问题的定案阶段。它包括确定整体环境和各个局部的具体做法以及用材，合理解决各技术工种之间的矛盾以及编制设计预算等。

(四)施工图设计

施工图设计是施工工作的准备，也是设计者对设计项目的最后决策阶段，在这个阶段中，设计者应在技术设计的基础上，深化各种施工方案，并与其他专业充分协调，综合解决各种技术问题。

施工图设计的文件要求表达明晰、确切周全。设计师提供的文件一般有施工说明、平面图、立面图、剖面图、节点详图和造价预算等。

(五)设计实施

这个阶段虽然设计工作已基本完成，而且项目已开始施工，但为了达到理想的实施效果，设计师仍需进行跟踪服务。

在此阶段中，设计师的工作应包括：在施工前向施工人员解释设计意图，进行图纸的技术交底；及时回答施工队提出的有关设计方面的问题；根据施工现场实况提供局部修改或补充图纸（由设计单位出具修改通知书）；协助业主进行材料选样；施工结束后，会同质检部门和业主进行质量验收等。

总之，在整个景观小品的设计过程中，设计者必须与其他专业的工程师、业主、管理部门、材料商、施工队等密切合作，以确保取得预期的效果，避免造成意外的损失。

五、街道空间中景观小品设计解析

城市道路是指在城市范围内，供车辆和行人通行的、具备一定技术条件和设施的道路；而街道指的是在城市范围内，全路或大部分地段两侧建有各式建筑物，设有人行道和各种市政公用设施的道路。就概念属性和设计内容而言，道路是“基础设施”的属性，强调其交通服务功能，而街道的概念属性是“城市开放空间”，偏重强调其空间界面、景观风貌、环境要素的形态和内涵，并更多考虑慢行需求，满足人们休闲、交流、多样活动的场所服务功能。

景观小品在规划设计中，在满足道路交通服务设施的基础上，其单体乃至整体的造型、色彩、风格、尺度，主要是对应街道的空间属性，并与街道的尺度和风貌环境特点相适应。因此，对街道的类型进行定位和分析，进而对景观小品做出精细的设计和配置是十分必要的。

（一）街道空间的类型

城市道路的等级划分，是按照道路在道路网中的地位、交通功能以及对沿线的服务功能等进行划分，分为快速路、主干路、次干路和支路四个等级。综合考虑沿街活动、两侧用地类型、街道环境风貌特点、交通功能等，将街道的类型划分为商业型街道、生活服务型街道、景观休闲型街道、交通型街道、综合型街道五种类型。道路等级与街道类型是两个体系的分类方式，两者可以相互交叉。

商业型街道：沿线以中小规模零售、餐饮等商业为主，具有一定服务能力或业态特色的街道，见图 4.37。

(a) 望京小街

(b) 成都太古里商业街

图 4.37　商业街道

图片来源：(a) —大作网，(b) —图虫网生活服务型街道：沿线以服务本地居民的生活服务型商业、中小规模零售、餐饮等商业及公共服务设施为主的街道，见图 4.38。

图 4.38　生活服务街道

图片来源：大作网

景观休闲型街道：滨水、景观及历史风貌突出、沿线设置休闲活动服务设施的街道，见图 4.39。

图 4.39　滨水景观休闲街道

图片来源：花瓣网、大作网

交通型街道：以非开放界面为主，交通通过功能较强的街道，见图 4.40。

图 4.40　交通型街道

图片来源：左图—mooooL，右图—大作网综合型街道：道路各街段功能与界面类型混杂，或兼有两种或两种以上类型特征的街道，见图 4.41。

图 4.41　综合型街道

图片来源：左图—谷德设计网，右图—mooooL

（二）景观小品配置方式

景观小品根据景观小品设施的功能需求程度不同，将景观小品的配置方式主要分为：基础型配置、标准型配置、优化组合型配置。

基础型配置：仅布置功能性设施，以满足道路功能要求，如交通管理设施、公共照明设施；其主要用于交通型街道。

标准型配置：以功能性景观小品设置为主导的配置方式，如公共照明设施、交通管理设施，在主要十字路口以及主要人流区域进行公共服务类设施的布置；其主要用于生活型、一般商业型街道空间。

优化组合型配置：即根据街道的类型及实际服务的需要，对景观小品设施进行优化配置，其优化内容主要包括：

（1）根据空间的关系对景观小品进行功能组合、单体组合、组合设置等。

（2）布置优化，对使用功能互补，设施类别、布置距离接近的设施可进行合理设置。

（3）统筹分配，景观小品的布置需因地制宜、科学把控。

（4）城市道路中各类杆件应进行一杆多用设计，高效利用、集约交通设施杆件空间。

（三）各类型街道景观小品配置建议

交通型街道：是以满足道路交通为主，保障交通顺畅的交通管理，根据道路宽度与人流量合理设置护栏与挡车桩。公交服务设施设置应避开道路交叉口、道路开口处，提倡港湾式公交车站设置，见图 4.42。

图 4.42　交通型街道

图片来源：ArchiExpo

生活服务型街道：集约利用街道空间，保障充足和带有遮阴的慢行通行空间及无障碍设计要求；根据人流量及需求合理地布置公共服务与信息服务设施，为市民生活提供便利，见图 4.43。

图 4.43　生活服务型街道

图片来源：左图—美篇，右图—大作网

商业型街道：应保持空间紧凑，强化街道两侧的活动联系，营造商业氛围。提供适应较大规模人流的步行通行区，尽可能齐全地设置公共服务设施与信息服务设施，注重打造高品质的景观小品，见图 4.44。

景观休闲型街道：宜将人行道与沿路绿化带进行一体化景观设计，扩大休闲活动空间。可根据街道空间合理布置公共服务设施，路面铺装设施应满足无障碍设计要求。沿线应结合轨交与公交站点及重要的景观活动节点重点增加公共服务设施，同时与景观设计相结合突出街道的景观特色，见图 4.45。

图 4.44 商业型街道

图片来源：大作网

图 4.45 景观休闲型街道

图片来源：左图—花瓣网，右图—大作网

不同类型的街道，其配置方式也有所不同，详见表 4.3。

表 4.3 各类型街道推荐的配置方式

街道类型	配置方式	配置内容
交通型街道	基础型配置	交通管理设施、照明设施、公交服务设施、路面铺装设施
生活服务型街道	标准型配置	交通管理设施、照明设施、公交服务设施、信息服务设施、公共服务设施、路面铺装设施
商业型街道	优化组合型配置	标准型布置＋组合优化布置，各类服务设施进行组合优化布置。强调设施的组合功能及服务功能
景观休闲型街道	优化组合型配置	标准型布置＋组合优化布置，各类服务设施进行组合优化布置。强调设施的设计特色及景观性

(四) 各类景观小品综合设计

1. 一般规定

(1) 各类景观小品设施应满足道路交通规划与城市设计的要求，并符合国家、行业和地方标准的相关规定。

(2) 各类景观小品的外观、体量、材质、色彩设计应与城市的历史文化和风貌相协调，同一区域、道路的同类设施的样式、材质、色彩应协调统一。

(3) 各类景观小品应统筹考虑，综合协调，结合人流密度，采取集中布置和均匀布置相结合的设置方式，统筹规划设计，科学布点设置，减少公共空间的占用。

(4) 应设置在景观小品设置带内，设施边线外人行道通行宽度不宜小于 1 m。

(5) 应确保行人通行空间顺畅，应避开人行横道线进出口及居住小区、商业设施等进出口处以及无障碍通道，不得妨碍无障碍设施建设和使用。

(6) 对于改造道路，应紧紧围绕改善市容市貌的目标，充分调研和梳理现有的景观小品，进行相应的维护、更新、增设或移除，对其进行系统性的提升和优化。

2. 优先级别

景观小品各类系统设施按照布点功能要求及重要级别可分为四类优先等级，详见表 4.4。

表 4.4　景观小品各类系统设施等级划分

优先等级	系统类别	设施名称
第一等级	交通管理设施 照明设施	交通信号灯杆、交通监控杆、指路指示牌、禁令标志牌、警告标志牌、路灯、中杆灯
第二等级	交通管理设施 公交服务设施 信息服务设施 公共服务设施	人行护栏/隔离带护栏、挡车桩、户外配电箱装饰罩、公交候车亭/站牌、路名牌、出租车停靠标识牌、旅游区标志牌、废物箱、座椅、非机动车存车架/点、公共自行车设施、邮筒、消火栓
第三等级	信息服务设施 公共服务设施	步行者导向牌、户外广告设施、邮政书报亭、公用电话亭、直饮水设施、移动花坛/花箱
第四等级	其他设施	其他类型公益/广告等临时设施

3. 设置要求

(1) 景观小品各类设施的布设不得占用人行道盲道及正常通行区域，应根据道路的断面形式和实际功能需要进行布设。

（2）第一等级设施的布设优先于其他类设施。

（3）第一等级的设施一般布设于道路绿化隔离带内，杆体进行中心对齐；当第一等级设施布设于人行道时，应布设于人行道设施带内，保证人行通道宽度不小于1 m。

（4）第二等级设施布设于人行道时，护栏类紧贴路缘石布置，其他第二等级设施应布设在人行道设施带内，设施不得超出设施带范围，保证人行通道宽度不小于1 m。

（5）第三等级设施根据实际需要布设于人行道设施带内，布设时第一、二等级设施优先进行布设，当人行道宽度小于2 m时，不宜布设。

（6）第四等级设施在需要布设的情况下应与其他设施协调布设，当空间不满足布设条件时，不建议布设。

（五）典型街道空间景观小品设计图示

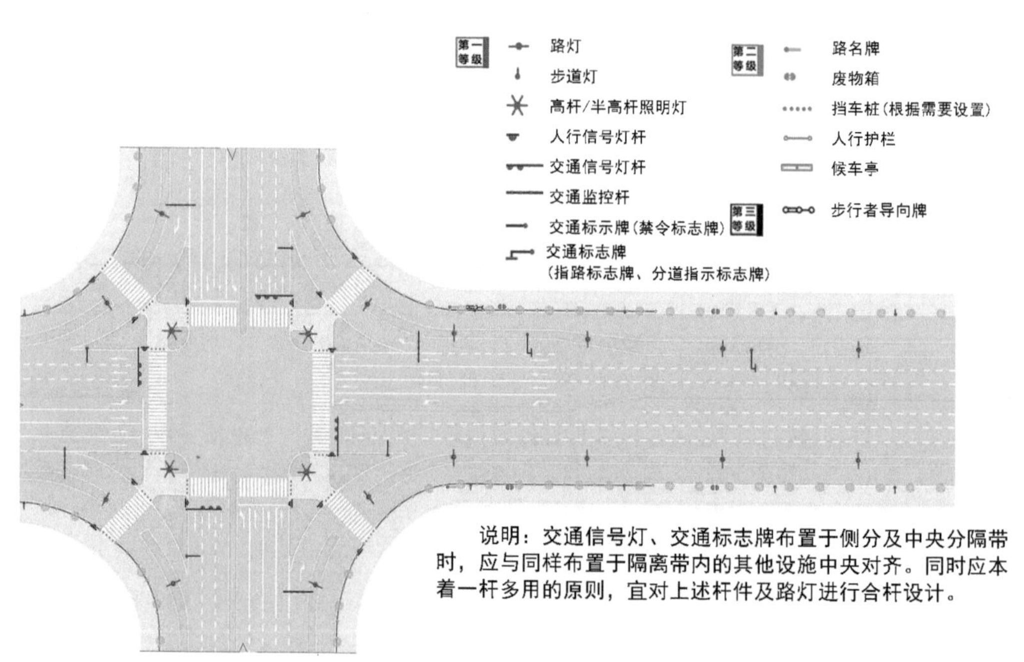

图 4.46　城市主干道交通小品

图片来源：作者绘制

六、城市特色空间中景观小品设计解析

(一) 公园绿地、广场的景观小品设计

城市公园绿地、广场的景观小品设计依照城市绿地与广场的规模、服务对象、服务半径予以针对型设计。

景观小品的布置形式采用分散与集中相结合的方式。此类区域景观小品设计应与绿地与广场的景观方案相结合，进行系统设计与设置，见表 4.5。

表 4.5　城市绿地广场不同衔接区域与景观小品布置形式

与城市绿地广场的衔接区域	景观小品布置形式及要求
出入口区域	分散型布置，保证出入口的交通顺畅，以功能性设施为主
人员集中广场区域	分散与集中相结合功能性设施外，根据广场人流量布置公共服务、信息服务设施

下面这张景观快题设计作品（图 4.47）的场地为华东某城市绿地，面积约 1.6 hm^2。场地东侧为城市的商业区，南侧为城市主干道，西侧为城市河道。图中表现了景观平面方案的设计图、剖面图、分析图和入口景观小品设计。

红色的折线作为小品的构成形态，在平面与立面两个维度蜿蜒变化，演化成水帘和坐凳，既表现了形式美感又保证了小品的功能性，与喷泉水景、绿植进行了有机融合。

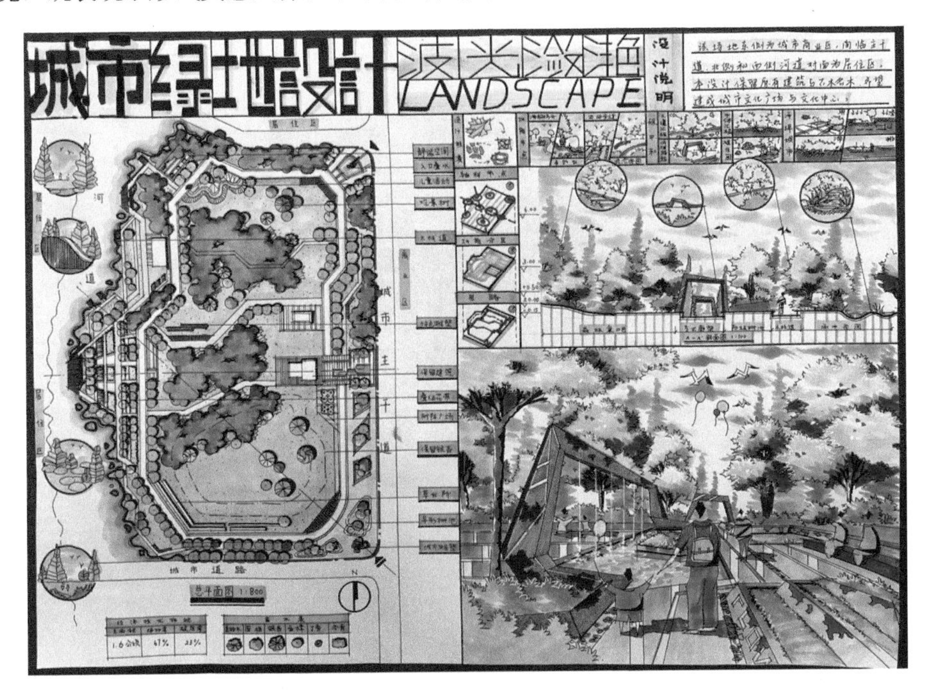

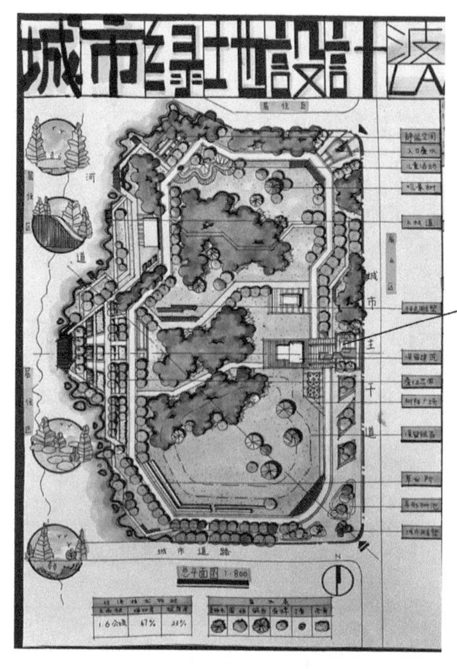

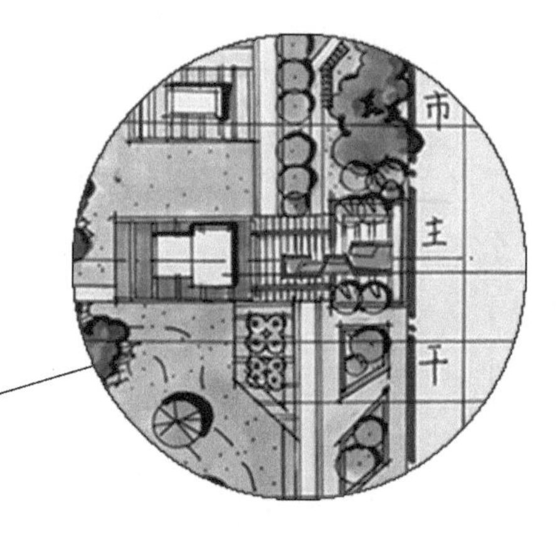

此城市绿地的东侧紧邻城市主干道，景观小品的位置设在主干道的出入口处，使观赏者一眼就可以辨认，具有景观的识别性，水景和景观构筑物在形态上呼应、交错，整体感较好。

图 4.47　绿地入口小品设计

图片来源：王旭绘制

图 4.48 是城市绿地的景观设计快题作业，基地周边为商业用地和居住区用地，地块毗邻城市主干路和支路。此场地的设计应满足不同的人群需求，并且要满足休闲游憩的公共活动。该快题作业能做到场地景观设计与周围环境的协调营造，图中标志性的水景雕塑位于场地主入口的位置，在美化环境的同时保证了主入口的交通流畅。

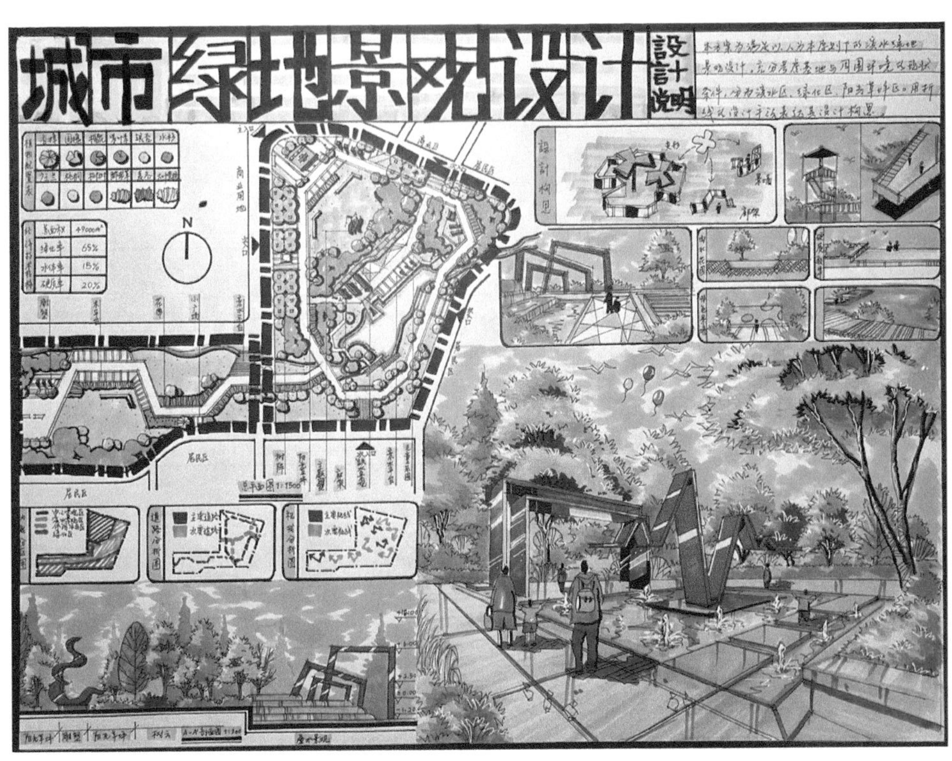

图 4.48　入口广场小品设计

图片来源：王旭绘制

（二）滨水空间的景观小品设计

（1）城市滨水空间的景观小品设计应满足市民滨水游憩的要求，景观小品设计应注重生态性、舒适性，与城市记忆与滨水文化相结合，提升城市环境品质。

（2）滨水空间景观小品设计注重公共服务设施的针对性，需根据滨水空间人流的分析，在市民休憩较为集中的区域增加座椅、废物箱、直饮水设施的布置密度，其他通过性区域，保证生态环境，采取分散性布置。滨水空间景观小品信息设施对导向类信息设施、警示类信息设施有一定要求，见表4.6。

表4.6　滨水景观空间信息服务设施的布置形式及要求

信息服务设施名称	布置形式及要求
导向类信息设施	导向类信息设施需进行分级，与滨水空间环境设施进行衔接，导向类信息设施注重公共服务设施的指引及说明，如市政公厕、医院等
城市综合信息牌、警示牌	对滨水区域衔接区域需增加警示与告知信息设施，为市民提供安全、天气预报、城市地图导航等便民信息

图4.49中的这张快题设计案例的项目为华中某城市的区域性市民公园设计，公园除了满足共享绿地的市民需求，还是城市北部排水绿色廊道的重要节点。场地内部的中央原有一条宽约15 m的排水渠穿过，排水方向自西北流往东南方，汇入地块外的城市河道。任务书中尤其强调：方案的设计要针对华中地区多大暴雨的气候特征，强化公园的海绵效益，利用多种手段体现“集雨型绿地”的特色。

图4.50中的这张快题设计为江南某城市的滨河景观改造项目，该地块位于城市支路的南侧，北面为山地，东面为乡村，西、南面为城市河道。方案的设计需要充分考虑周围环境条件，保留地块周围现有的交通条件，并利用现有的自然资源，合理地安排功能、尺度合适的景观空间以满足周边居民对休闲活动的需要。方案中的小品设计属于典型的水边构筑物，一个折线形的木质廊架与木质凉亭组合成可供游人驻足、停留的观景空间。小品的防腐木平台将驳岸与小岛衔接起来，构成了有趣的水边游憩活动引导形式。

（三）特色街区、历史文化风貌区的景观小品设计

特色街区、历史文化风貌区的景观小品设计注重设计元素文化符号的体现，景观小品的布置须与街区环境相协调，采用优化组合型布置方式，尽量减少对道路空间的占用，在满足功能性使用的同时呈现街区特色及文化特色，见表4.7。

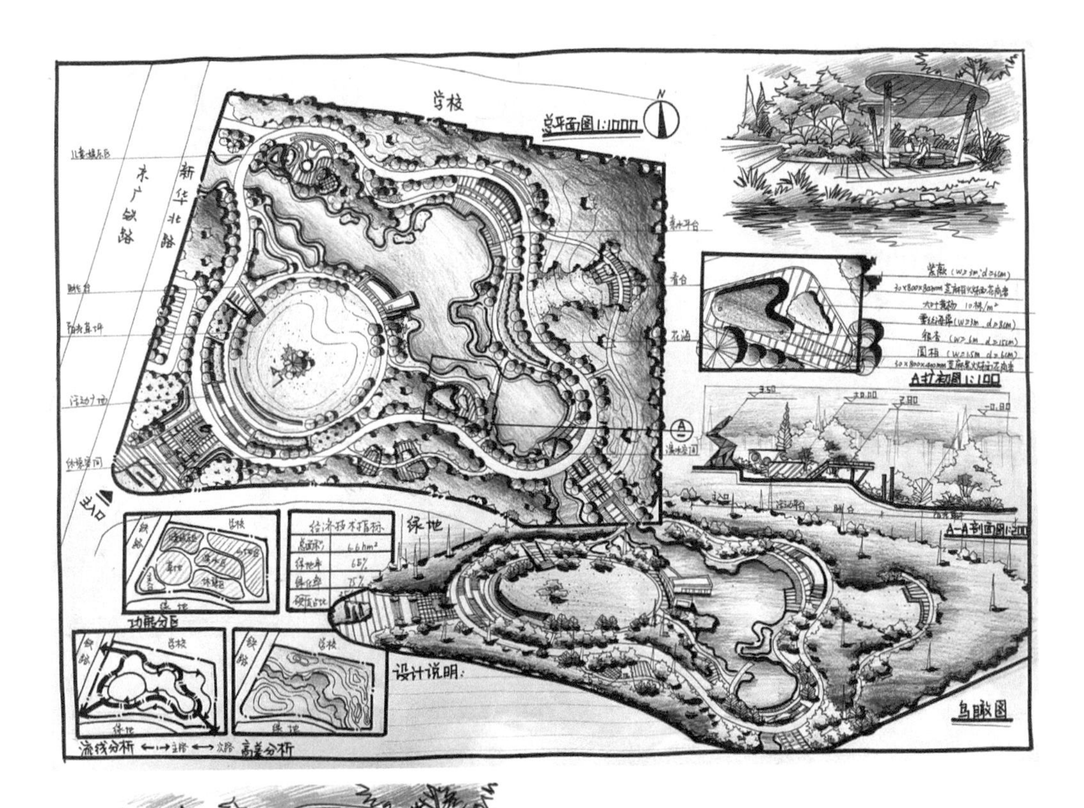

该方案的设计中，将原本15 m的排水渠进行了水体形状的重新设计，水岸线的“收”与“放”都体现出了设计者对滨水空间的灵活处理能力，营造了多变的驳岸景观。

此方案中的景观小品，采用了较为现代的构成形式，与驳岸空间相结合营造，“棚”下空间的休闲座凳为游人带来了舒适性，绿植与亭子在造型设计上有一定的契合度，使小品的各类元素在视觉上达成和谐，此处仅为该方案的代表性小品案例，从总平面图和鸟瞰图中可以看出，滨水空间的设计内容是很丰富的，很多的亲水空间分布在驳岸线上，拿出任何一块都可以进行具体的小品深化设计，大家不妨找一两处试一试。

图 4.49　滨水绿地小品设计

图片来源：洪潇岚绘制

表 4.7　不同街区类型的设施内容及布置要求

街区类型	设施内容及布置要求
文化型街区	文化符号的融入，优化组合布置
历史型街区	以保护、修复为主，优化组合布置

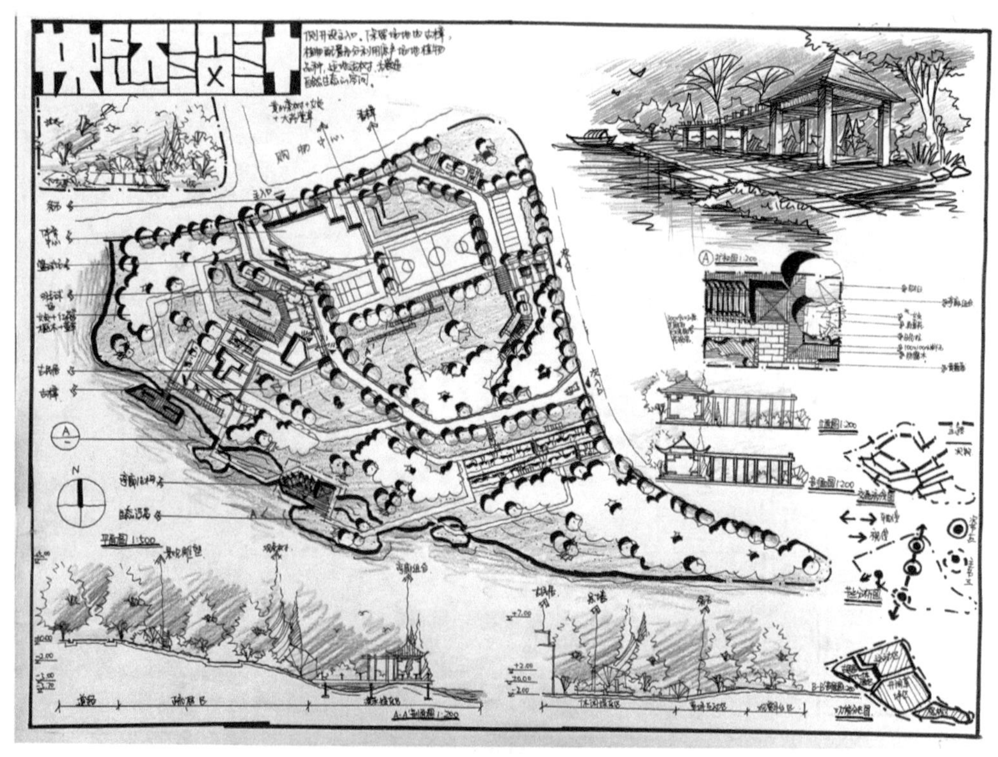

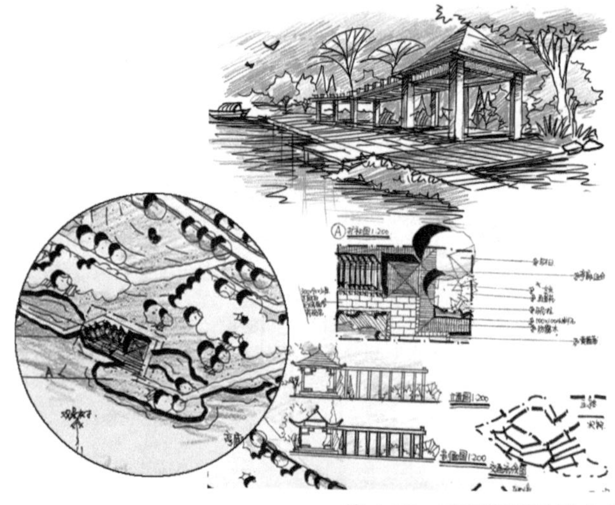

亭廊组合属于典型的景观小品构成形式，廊架属于线性空间，亭子属于点性空间，其组合面向水面，形成悠闲自在的“场所精神”，木质材料的运用，契合了乡村主题，与自然的水岸线设计手法和绿植配置相得益彰。

此景观小品的位置处在临水步道的节点上，观察可发现，此位置刚好符合30~50 m区间的人行尺度，能缓解行走的疲劳感。

图 4.50　滨河景观改造小品设计

图片来源：王晓丽绘制

为了更直观地说明特色街区、历史文化风貌区的设计元素文化符号的体现形式，本教材以一个具体的方案来陈述和解读：该项目位于江苏省园博会核心展区内，北侧比邻规划东西向主园路、企业展园和既有未完工小镇建筑群，南侧均临水。原场地内功能单一、人迹罕至，多为闲置荒地。现围绕城市生活，挖掘典型历史文化美学元素和场景设计创作，将空间设计与徐霞客特色文化历史故事联系起来。

第十三届江苏省园博会核心展示区选址江阴霞客湾科学城，将充分利用霞客故居、仰圣园等现有人文景点，同时结合城市更新、乡村振兴规划推动马镇社区的设施景观建设，改造提升老旧小区、厂区、街区和城中村等存量片区，把园博园景观延伸到百姓村前宅后，打造一届开放共享的“无界”园博会。

在人群分布中主要以游客和年轻人为主，其次为学生、儿童和老年群体、学者。以分析人群的不同需求和活动意向为出发点，在空间设计上以营造古韵空间为定位方向，融合生活美学，意在让当代人体验感受徐霞客的人生和生活态度，创造一个可供不同人群参与、赏玩的空间。

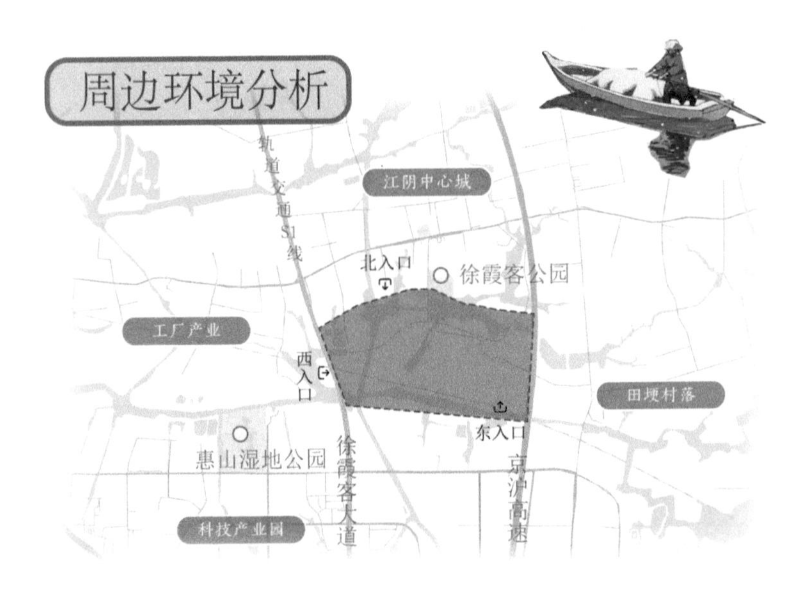

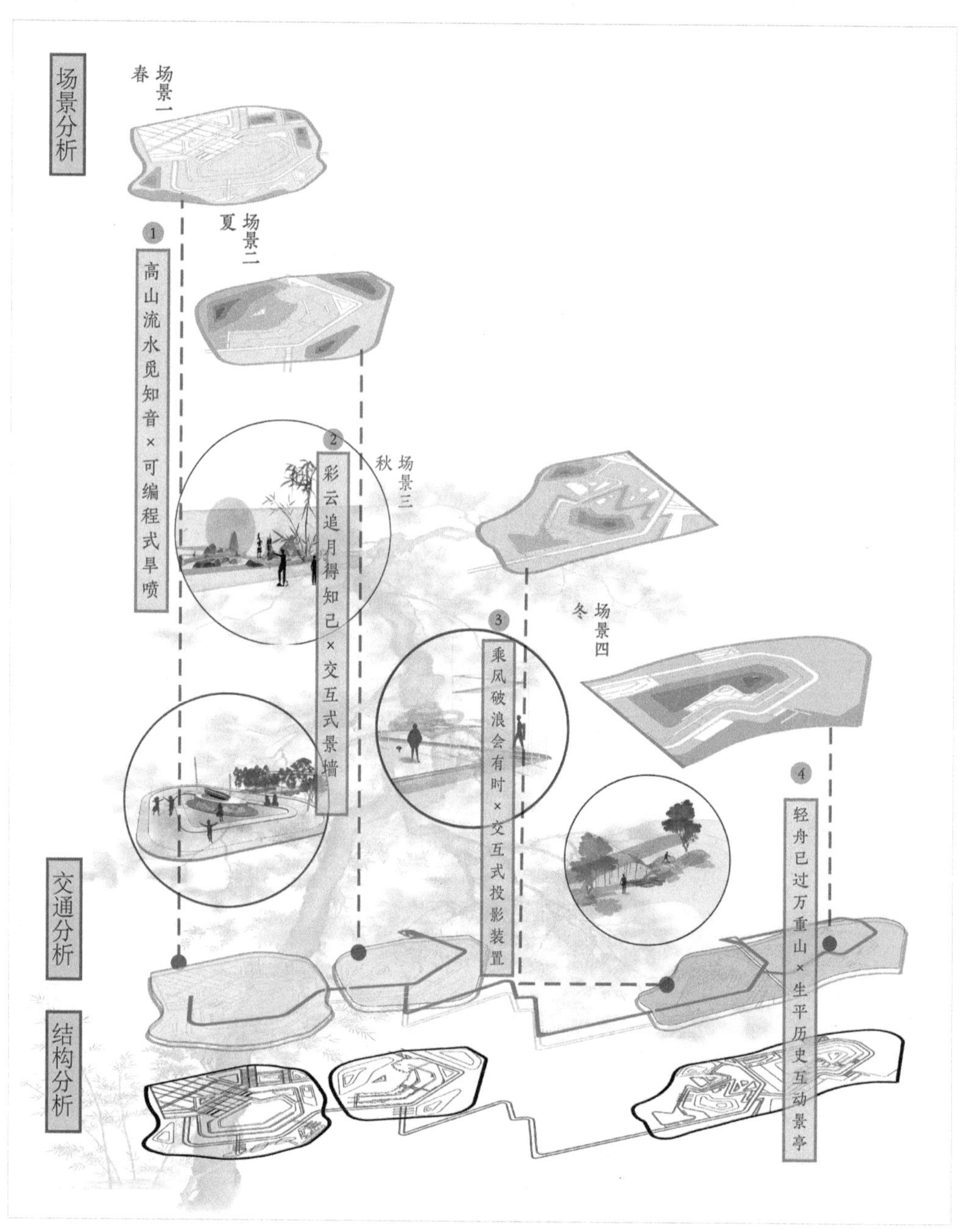

设计结合徐霞客生平事迹，将场地分为春、夏、秋、冬四个主题，对应了徐霞客少年、青年、壮年、暮年四个时期，提取徐霞客各个人生阶段的典故，再现生活美学场景。同时，设计方案展示当地文化的美学价值和历史底蕴，通过交互式演绎展示相关的传统景观小品，使游客沉浸式体验徐霞客的人生历程，感受与特定历史文化有关的场景或情景，调动人们的情感共鸣和想象力，从而营造出情感上的参与感和身临其境的体验感。灵活可变的设施更为不同需求的人群创造了多样的空间，充分扩展了场地的使用功能。

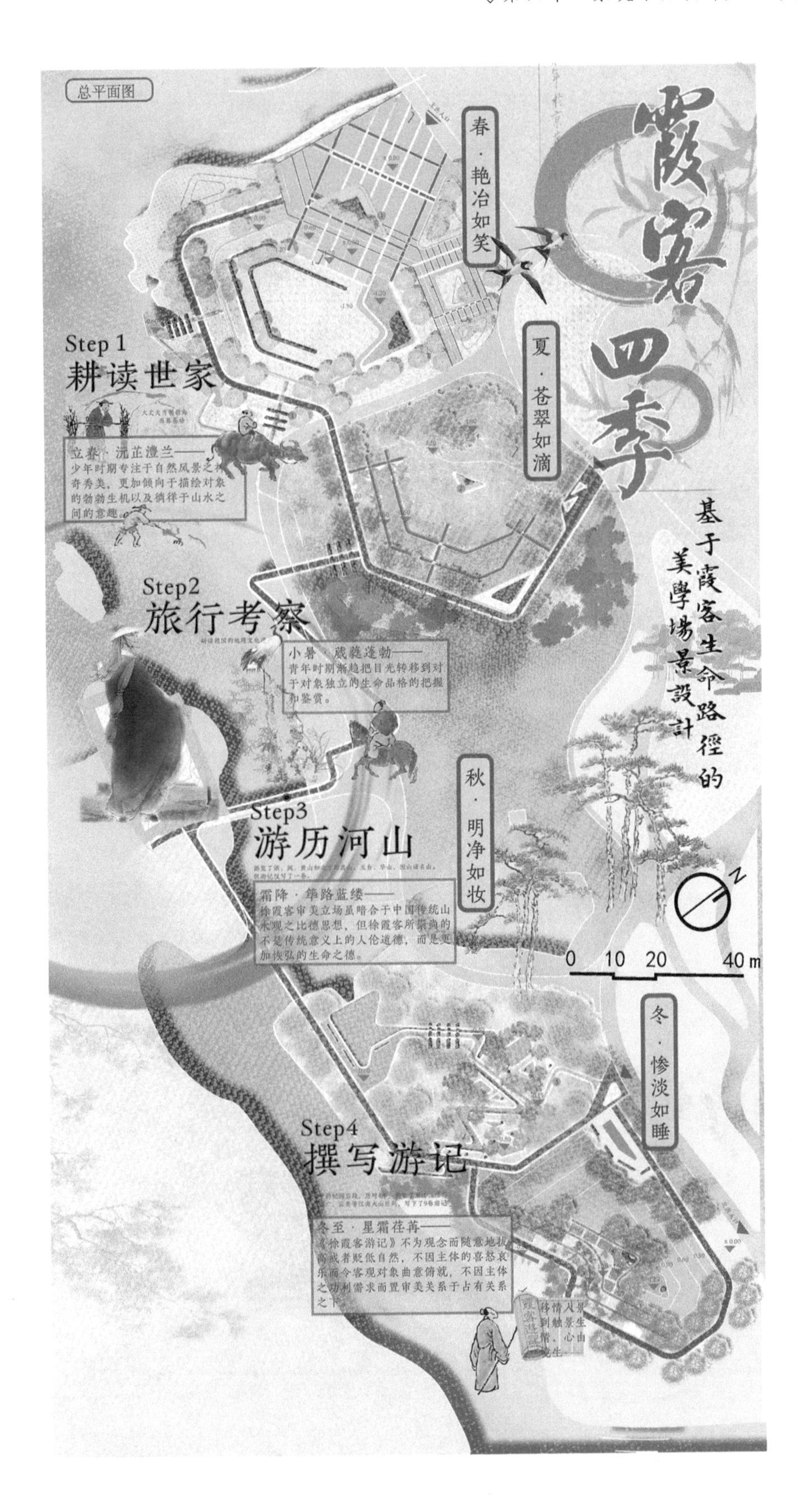
总平面图
霞客四季
基于霞客生命路径的美學場景設計
春·艳冶如笑
夏·苍翠如滴
秋·明净如妆
冬·惨淡如睡
Step 1
耕读世家
立春·沅芷澧兰——
少年时期专注于自然风景之神奇秀美，更加倾向于描绘对象的勃勃生机以及徜徉于山水之间的意趣。
Step2
旅行考察
小暑·葳蕤蓬勃——
青年时期渐趋把目光转移到对于对象独立的生命品格的把握和鉴赏。
Step3
游历河山
霜降·筚路蓝缕——
徐霞客审美立场虽暗合于中国传统山水观之比德思想，但徐霞客所崇尚的不是传统意义上的人伦道德，而是更加恢弘的生命之德。
Step4
撰写游记
冬至·星霜荏苒——
《徐霞客游记》不为观念而随意地拔高或者贬低自然，不因主体的喜怒哀乐而令客观对象曲意俯就，不因主体之功利需求而置审美关系于占有关系之下。
0 10 20 40 m
N

少年——春景艳冶而如笑

耕读世家
高山流水觅知音×可编程式旱喷
场景解说：徐霞客书案上的书卷跌落下去，化作千万里道路通向中国的名山大川。青年时期的徐霞客不仅专注于自然风景之神奇秀美，更加倾向于描绘对象的勃勃生机以及徜徉于山水之间的意趣。
书卷
木质造型雕塑
书案
黑山石水钵
修竹
金属墨竹
大川
微地形旱喷水池
名山
片石假山
大丈夫
当朝碧海而暮苍梧

青年——夏山苍翠而如滴

彩云追月得知己 × 交互式景墙

设计选取《徐霞客游记》书中的祖国山河，深入探索《徐霞客游记》独特的价值与内涵，将其转化为设计的基因和元素，以景墙为载体，将传统创新与景墙设计有机融合。

产品将通过画卷的立牌动画展示、提笔成书、交互绘画的方式重现徐霞客的足迹，沉浸式体验霞客精神。

立牌

采用了设计技术和可交互设计相结合的方式，利用投影技术通过历史动画的方式呈现出来。景墙上投影静止画面，用户用指定道具去点击画中的某个部位，画面出现音乐和动画。

书

提笔成书，将《徐霞客游记》中的故事书写下来。

画

景墙采用类似于宣纸的材质，在外面覆两层亚克力，可用交互笔画下心中所想，画成之后，画面栩栩如生，形成动画。

乘风破浪会有时×交互式投影装置

“丈夫当朝碧海而暮苍梧”这是徐霞客的墓志铭
设计灵感来源于徐霞客一生矢志不渝寻访大江南北的真实写照，在《徐霞客游记》中我们也处处能感受他对自然山川的热爱。设计营造了山、水、森林、天空等自然意象，正是模拟徐霞客游览自然风光的情景，设置了曲水流觞，游客可以在品茶赏诗的同时，通过投影了解徐霞客的一生。

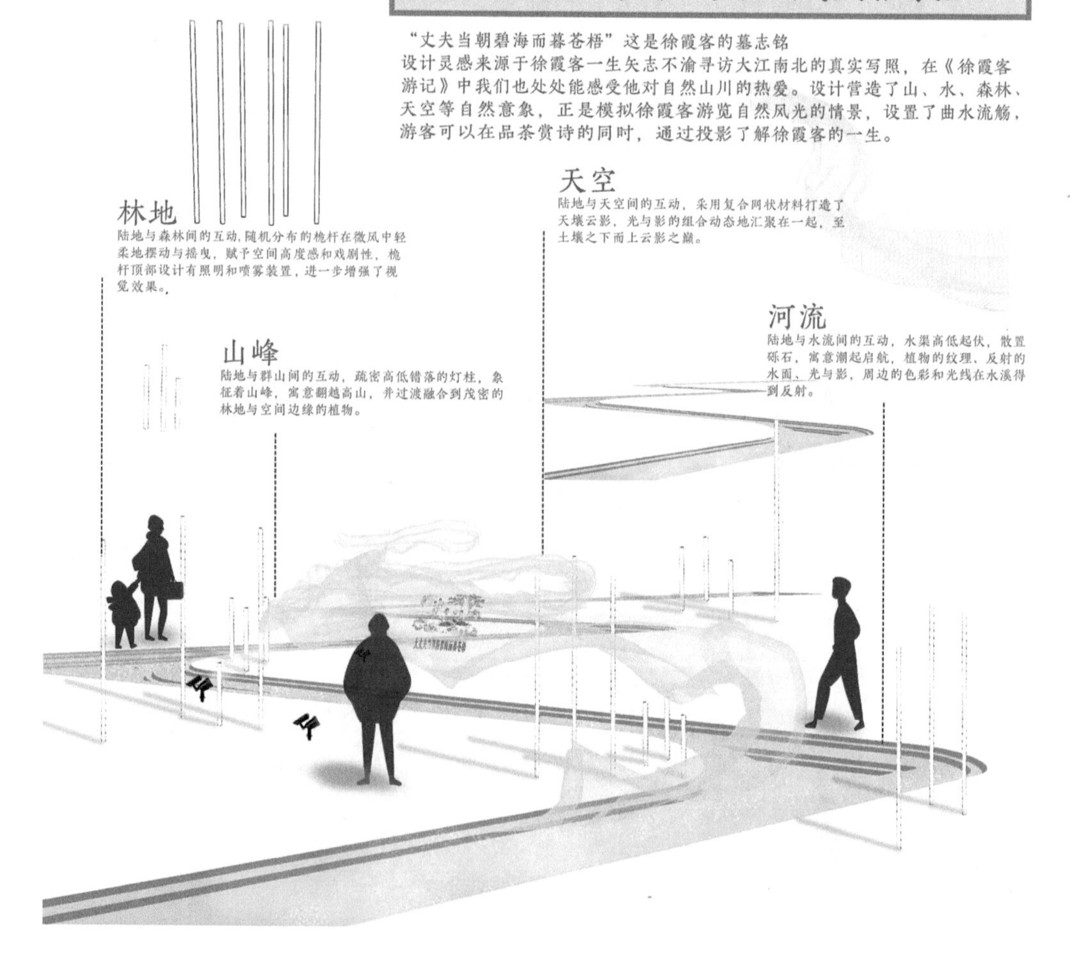

图 4.51《霞客四季——基于霞客生命路径的美学场景设计》

图片来源：汪弘磊、王昊珺、王韵欣、王天怡、狄欣伊共同绘制

本章思考题

1. 简述你见过的历史文化街区案例的特色看点，思考其如何将文化体现在设计元素中。
2. 参照上述《霞客四季》案例的设计思路，试着创作与历史文化主题相关的景观小品方案。

参考文献

[1] 刘滨谊.城市街道景观规划设计[M].南京:东南大学出版社,2004.

[2] 尹思瑾.城市色彩景观规划设计[M].南京:东南大学出版社,2004.

[3] 吴蒙友,殷艳明.城市商业街灯光环境设计[M].北京:中国建筑工业出版社,2005.

[4] 翁剑青.城市公共艺术[M].南京:东南大学出版社,2004.

[5] 王建国.城市设计[M].2版.南京:东南大学出版社,2004.

[6] 王向荣,林箐.西方现代景观理论与实践[M].北京:中国建筑工业出版社,2002.

[7] 翁剑青.城市公共艺术[M].南京:东南大学出版社,2004.

[8] 高祥生,丁金华,郁建忠.现代建筑环境小品设计精选[M].南京:江苏科学技术出版社,2002.

[9] 凯文·林奇.城市意向[M].北京:华夏出版社,2006.

[10] 克利夫·芒福汀.街道与广场[M].北京:中国建筑工业出版社,2004.

[11] 芦原义信.街道的美学[M].天津:百花文艺出版社,2006.

[12] 芦原义信.外部空间设计[M].天津:百花文艺出版社,2006.

[13] 戈登·卡伦.简明城镇景观设计[M].北京:中国建筑工业出版社,2009.

[14] 西蒙兹.景观设计学:场地规划与设计手册[M].北京:中国建筑工业出版社,2009.

[15] 扬·盖尔.交往与空间[M].北京:中国建筑工业出版社,2002.

[16] 阿兰·B.雅各布斯.伟大的街道[M].王又佳,金秋野,译.南京:译林出版社,2009.

[17] 张吉祥.园林植物种植设计[M].北京:中国建筑工业出版社,2001.

[18] 李尚志,杨常安,管秀兰.水生植物与水体造景[M].上海:上海科学技术出版社,2007.

[19] 潘召南.生态水景设计[M].重庆:西南师范大学出版社,2008.

[20] 土木协会.道路景观设计[M].北京:中国建筑工业出版社,2003.

[21] 张尚宁,金广君.铺装景观[M].北京:中国建筑工业出版社,2000.

[22] 吕文强.城市形象设计[M].南京:东南大学出版社,2002.

[23] 苏彦捷,李佳.环境心理学[M].长春:吉林教育出版社,2007.

[24] 周俭.城市住宅区规划原理[M].上海:同济大学出版社,1999.

[25] 毛丽华.市政工程施工技术应用与施工组织设计[M].北京:光明出版社,2000.

[26] 梅月植.市政工程质量监督手册[M].北京:中国建筑工业出版社,2001.

[27] 张斌.城市设计与环境艺术[M].天津:天津大学出版社,2000.

[28] 邱长沛.现代环境艺术[M].重庆:西南师范大学出版社,2000.

[29] 王洪成,吕晨.城市园林街景设计[M].天津:天津大学出版社,2003.

[30] 肖锐.市政设施环境艺术小品设计研究[D].重庆:重庆大学,2005.

[31] 乔峰.现代城市广场中环境小品的地域性创作研究[D].西安:西安建筑科技大学,2005.

[32] 杨西.环境艺术意义[D].重庆:重庆大学,2003.

[33] 姚晓军.城市街道的视觉特征研究[D].青岛:青岛理工大学,2011.

[34] 徐哲.建筑外部空间造景研究[D].保定:河北农业大学,2012.